图像超分辨率重建方法及应用

石爱业　徐　枫　徐梦溪　著

科 学 出 版 社

北　京

内 容 简 介

图像超分辨率重建技术在遥感、军事侦察、视频监控、医疗诊断和工业产品检测等许多领域有着广泛的应用需求。近年来，超分辨率重建技术已成为图像、信号与信息处理以及计算机视觉领域的重要研究内容。本书系统介绍图像超分辨率重建技术的有关概念、原理和方法。本书共分 8 章。第 1 章主要介绍图像超分辨率重建的意义、基本概念及技术分类。第 2 章主要介绍基于优化-最小求解的广义总变分图像超分辨率重建的单帧图像超分辨率重建方法及技术。第 3~8 章主要介绍多帧图像超分辨率重建方法及技术，内容包括：基于混合确定度和双适应度归一化卷积的超分辨率重建、基于三边核回归的超分辨率重建、基于特征驱动先验的 MAP 分块超分辨率重建、基于 Tukey 范数和自适应双边总变分的超分辨率重建、基于超视锐度机理及非连续自适应 MRF 模型的遥感图像超分辨率重建、基于超视锐度机理及边缘保持 MRF 模型的遥感图像超分辨重建方法及技术等。

本书内容新颖、理论联系实际，可作为电子信息工程、工业自动化、计算机应用、仪器科学与技术等相关专业的研究生和高年级本科生、科研人员、工程技术人员参考书。

图书在版编目(CIP)数据

图像超分辨率重建方法及应用/石爱业，徐枫，徐梦溪著. —北京：科学出版社，2016.9

ISBN 978-7-03-050009-0

Ⅰ. ①图… Ⅱ. ①石… ②徐… ③徐… Ⅲ. ①图像分辨率—研究 Ⅳ. ①TP391.413

中国版本图书馆 CIP 数据核字 (2016) 第 230567 号

责任编辑：惠 雪 曾佳佳 / 责任校对：郑金红

责任印制：赵 博 / 封面设计：许 瑞

科学出版社 出版

北京东黄城根北街 16 号

邮政编码：100717

http://www.sciencep.com

北京富资园科技发展有限公司印刷

科学出版社发行 各地新华书店经销

*

2016 年 9 月第 一 版 开本: 720 × 1000 1/16

2025 年 3 月第八次印刷 印张: 10 3/4

字数: 215 000

定价: 68.00 元

(如有印装质量问题，我社负责调换)

前　言

近年来，随着信息技术的飞速发展，超分辨率重建技术已成为图像、信号与信息处理以及计算机视觉领域中的一个重要研究方向。现阶段，由于图像空间分辨率的提高受到成像系统传感器密度和尺寸的限制，同时目标运动、光照及信号采集和处理过程中的其他干扰会导致图像分辨率下降，因此，在原有系统硬件不改变的情况下，采用基于信号与信息处理方法 —— 超分辨率重建技术，成为解决上述问题的主要手段。超分辨率重建技术涉及遥感与遥测、军事侦察、视频监控、医疗诊断和工业产品检测等诸多军事和民用领域，对其进行深入研究具有重要的理论意义和应用价值。

本书系统阐述图像超分辨率重建技术的有关概念、原理和方法。在内容上既选择了有代表性的图像超分辨率重建的经典内容，又结合作者近年来有关图像超分辨率重建关键技术的研究与应用实践，选取了一些新的研究成果，具有一定的广度、深度和新颖性。

本书共分 8 章，主要内容包括：图像超分辨率重建的意义、概念及技术分类，基于优化-最小求解的广义总变分图像超分辨率重建，基于混合确定度和双适应度归一化卷积的超分辨率重建，基于三边核回归的超分辨率重建，基于特征驱动先验的 MAP 分块超分辨率重建，基于 Tukey 范数和自适应双边总变分的超分辨率重建，基于超视锐度机理及非连续自适应 MRF 模型的遥感图像超分辨率重建，基于超视锐度机理及边缘保持 MRF 模型的遥感图像超分辨率重建方法及技术等。

第 1 章介绍图像超分辨率的基本概念、原理及分类。简要介绍图像超分辨率重建的频域方法，包括基于傅里叶变换的方法和基于离散余弦变换的方法；同时介绍图像超分辨率重建的空域方法，包括融合-复原法、统计方法及基于集合理论的方法等。

第 2 章介绍基于优化-最小求解的广义总变分图像超分辨率重建方法及技术，首先给出 MAP 图像超分辨率重建的求解框架及正则化函数的选取原则，然后介绍广义总变分正则项，最后，为了解决超分辨率中的解模糊问题，介绍基于优化-最小求解的 GTV 图像超分辨率重建技术。

第 3 章简要介绍基于多项式基的归一化卷积与双边滤波器，及基于混合确定度和双适应度的归一化卷积，在此基础上，介绍一种基于混合确定度和双适应度归一化卷积的图像超分辨率重建技术。

第 4 章首先引出图像处理中的回归问题，重点介绍核回归及其在超分辨率重建中的应用，基于三边核回归，提出相应的图像超分辨率重建方法。

第 5 章首先介绍基于 MAP 框架的超分辨率重建方法，然后引出基于特征驱动先验的 MAP 分块图像超分辨率重建方法及技术。

第 6 章首先介绍图像观测模型和超分辨率重建原理及 Tukey 范数，然后介绍基于 BTV 正则项的超分辨率重建算法，最后介绍基于 Tukey 范数保真项和自适应 BTV 正则项的图像超分辨率重建技术。

第 7 章首先简要介绍基于超视锐度机理的初始图像估计方法，然后介绍基于超视锐度机理及非连续自适应 MRF 模型的遥感图像超分辨率重建技术。

第 8 章介绍基于超视锐度机理及边缘保持 MRF 模型的遥感图像超分辨率重建技术，包括基于联合配准参数估计的 MAP 模型、基于边缘保持的 MRF 先验模型、梯度计算及正则化参数确定等。

本书第 1 章由石爱业、徐梦溪编写；第 2 章、第 3 章由徐枫、徐梦溪、石爱业编写；第 4 章、第 5 章、第 6 章由石爱业、徐枫、徐梦溪编写；第 7 章、第 8 章由徐梦溪、石爱业编写；全书由石爱业统稿。

本书是在作者及其研究团队近年来科研工作的基础上完成的。本书的出版得到了国家 863 计划项目 (项目编号：2007AA11Z227)，国家自然科学基金项目 (项目编号：60872096、61401195)，江苏省高校自然科学研究项目 (项目编号：13KJB520009) 的资助。

本书在写作过程中，得到了合肥工业大学高隽教授、南京大学王元庆教授的帮助。河海大学王慧斌教授审阅了全书，并提出了许多修改意见。在此向他们表示衷心的感谢。

向所有的参考文献作者及为本书出版付出辛勤劳动的同志们表示感谢。

限于作者的水平，书中难免有缺点和不完善之处，恳请读者批评指正。

作　者
2016 年 5 月 18 日
河海大学

目　　录

第1章　绪　　论

1.1　超分辨率重建的背景及意义

20 世纪 70 年代以后，在许多数字成像设备中，CCD(charge-coupled device) 和 CMOS 图像传感器被广泛使用以获取数字图像。尽管这些传感器能够满足大多数成像应用，但其分辨率水平与成本却远没有满足人们的消费需求，特别是高端科技研发的需要。即使经过近几年突飞猛进的发展，图像和视频的视觉质量也仍然无法达到人们更高的期待，例如，在监测、遥感、军事、医学和视频娱乐等数字成像应用领域，高质量图像要求不仅能够提供足够的像素密度，而且还可以展示丰富的细节信息。

通过硬件改进来提高空间分辨率的方法有：①改进传感器制造工艺以降低像素尺寸，即增大成像装置中传感器单位面积上的像素数。然而，随着像素尺寸的降低，接受到的有效光强也相应减小，这样产生的散粒噪声会严重影响到图像质量。②增大芯片尺寸来增加像素数，但这会导致电容的增加。由于大电容会严重阻碍电荷转移速率的提高，因此这种方法也不被有效采纳。③通过提高相机的焦距来增强图像的空间分辨率，但这会受到相机的体积变大、重量变重、镜头光学零件的尺寸增大等负面影响，导致光学材料和光学加工的制造工艺难度加大，故通过增加相机焦距的方法来提高图像的空间分辨率并不可取。④随着纳米级生物学观测研究而迅速发展的荧光显微技术。依靠荧光显微镜可以观测到活细胞、组织以及动物体内的生物分子、通路和活动。显微成像技术的空间分辨率可达到纳米级别，但其仅能应用于生物学的组织成像，应用范围较窄，很难推广到诸如太空探索、遥感测报、监测监控等大视场的高分辨率成像。另外，高精度光学图像传感器的高昂成本也是许多高分辨率成像应用中所要考虑的重要因素。综上，由于受到工艺水平、成本等因素的影响，单纯依靠硬件上的改善来获取高质量高分辨率图像，往往并不现实。

为了克服硬件方法的局限，可以考虑通过一种图像增强的软方法来实现图像分辨率的提高。运用信号与信息处理来实现由单帧或多帧低分辨率观测图像获得高分辨率图像或序列，使信号与信息处理变得比以往更有意义，这样的技术可以摆脱硬件的技术瓶颈，具有广阔的发展前景。国内外图像处理领域的研究人员将这种经济且有效的图像增强软方法称为超分辨率重建技术[1]。Tsai 和 Huang 的开创性论文开启了通过软计算实现高分辨率成像的现代超分辨率重建技术研究。尽管早在 20 世纪 50 年代 Yan 和 70 年代 Papoulis 在抽样理论的研究成果中已经初步萌发了这个想法，但确实是 Tsai 和 Huang 在理论上明确提出：通过配准和融合多个图像来增强分辨率是可行的[2]。利用超分辨率重建技术来获取高分辨率图像可以充分利用已有的低分辨率成像设备，且无需升级硬件，只要通过软件算法的开发就能低成本地实现提高分辨率的目的。

20 世纪 90 年代以来，超分辨率重建技术日益成为国内外图像、信号与信息处理以及计算机视觉领域的研究热点[3−12]。尤其 2010 年之后的五年左右时间里，图像超分辨率重建在学术领域异常活跃，进一步说明了对其进行深入研究具有重要的学术价值。在美国的 Web of Science 数据库，通过对标题包含 super-resolution 的论文进行统计，结果显示，其论文数量和引文数量均呈大幅增长，如表 1.1 所示。例如，引文数量从 1996 年的几十篇，到 2005 年的 500 多篇、2010 年的 1600 多篇，直到 2015 年接近 7000 篇，这证明了超分辨率的研究具有日益重要的学术意义。

表 1.1　1996 年以来发表的超分辨率论文统计

统计年度	论文数量/篇	引文数量/篇
1996	<20	<100
2005	50+	500+
2010	110+	1600+
2015	330+	6900+

对低分辨率图像序列进行超分辨率重建是前端视觉信息处理的一个重要任务，它为后端处理中的图像检测、分类和识别工作提供了高质量空间分辨率的图像。超分辨率重建研究要解决的是图像生成过程中所遇到的共性问题 (下一节将详细介绍)，因此在尽可能多地获得相同场景图像的条件下，不论何种应用领域，超分辨率重建的基本方法过程都是相同的。再加上高效廉价的独特优势，超分辨率重建正在被军事和经济社会的各个应用领域所关注，因此也具有进一步研究的必要性和迫切性，预想会在以下方面具有广泛的应用前景和实用意义：

(1) 视频监控 (图 1.1(a))，如基于图像的水利量测、刑侦取证、试验故障检测等；

(2) 卫星成像，如各种遥感、遥测、地球资源调查及军事对地侦察等 (图 1.1(b))；

(3) 生物医学成像，如计算机 X 射线断层摄影 (图 1.1(c)) 和磁共振成像等；

(4) 视频标准转换，如 NTSC 和 PAL 标准的相互转换、SDTV 信号向 HDTV 信号的转换等；

(5) 视频增强和复原，如各种视频消费电子的后期处理、老旧电影的翻制等；

(6) 其他应用，如数字拼嵌、显微成像、虚拟现实和太空探索等。

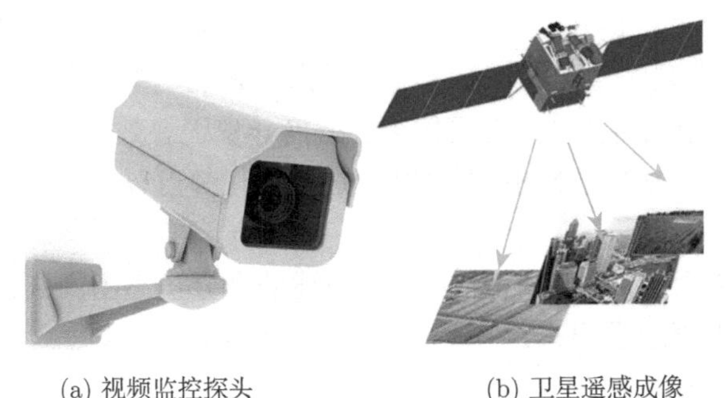

(a) 视频监控探头　(b) 卫星遥感成像　(c) X射线断层扫描成像仪

图 1.1　成像设备实例

1.2　图像超分辨率的基本概念

高分辨率 (high resolution, HR) 是指图像的像素密度高并尽可能包含图像信号的高频成分，从而使图像能够提供更多的关于目标场景的细节信息[13]，这一点在许多应用领域既是重要的，也是相当必要的，因为这样可以为许多后端的图像处理、分析、运行、理解、研判与操作提供准确依据与高质量保障。通常，获取高分辨率图像主要有两种途径：①硬件的高分辨率成像，即通过硬件材料及其制造工艺的改进与升级开发出高分辨率的成像设备，以此直接应用于获取高分辨率图像；②软件的超分辨率 (super-resolution, SR) 重建，即通过信号与信息处理方法对已获取的单帧或多帧低分辨率观测图像进行融合重建获得含有高频信息的高分辨率图像。

超分辨率重建是一种利用信号处理方法，由一帧或多帧低分辨率 (low resolution, LR) 的观测图像来获取高分辨率图像或图像序列的技术[14]。在国内外的一些文献中，也有将超分辨率称为分辨率增强 (resolution enhancement, RE) 或超分辨率 (super resolution, SR) 复原技术。这一过程的实质是增加重建图像的高频成分和消除低分辨率成像过程中产生的退化。目前，绝大多数超分辨率重建都是指空间分辨率重建，但也有部分研究将之扩展到时间分辨率甚至光谱分辨率的层级。

本书如无特殊说明均指基于运动的空间分辨率增强。这里对运动加以解释：一般情况下，我们使用常规成像设备所得到的低分辨率图像序列都被认为是亚采样图像序列，并且由于机景的相对位移或场景内的物体运动，序列中的每幅图像之间都有像素移动，这就是所谓的 “基于运动”。超分辨率正是利用这样的图像序列来重建出高空间分辨率的图像。

前已述及，通过硬件增加分辨率不再合适，而要利用基于信号处理的超分辨率重建技术，还要必须对图像序列获取的整个过程进行科学的分析和表征。由于硬件限制，数字成像系统获取的图像包含各种退化。例如：有限孔径尺寸导致光学模糊，由点扩散函数 (point spread function，PSF) 建模；有限孔径时间导致运动模糊，视频中普遍存在；有限传感器尺寸导致传感器模糊，图像像素不是由冲击采样产生，而是由传感器区域内的积分融合生成；有限传感器密度导致混叠效应，限制了所获取图像的空间分辨率。在各种不同的 SR 技术中，这些退化都可以被完全或部分地建模。

图 1.2 为典型的观测模型示意图，它将文献 [15,16] 所述的高分辨率图像到低分辨率视频帧的演化过程直观地表示了出来。

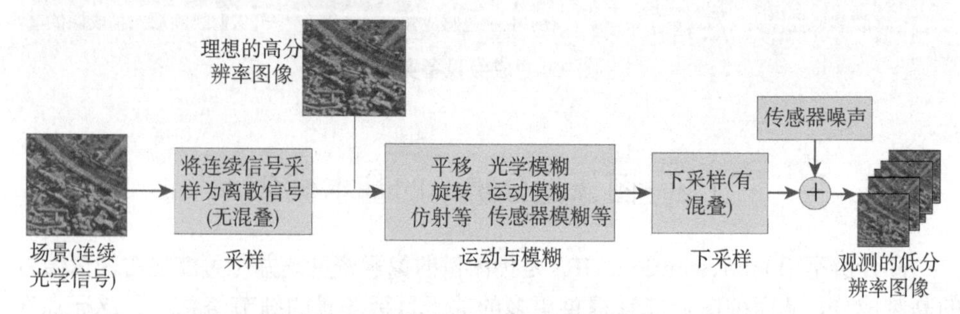

图 1.2　低分辨率图像序列产生模型

根据图 1.2 所示，成像系统的输入为连续的自然场景，一般可近似地假设场景为带限信号。这些信号在进入成像系统之前可能受到大气湍流的干扰。由于数字图像所表征的数据都是以离散的形式存在的，所以在超分辨率重建中，欲求解的理想高分辨率数字图像可看成是对原始二维连续场景信号进行采样而生成的图像。但这里的采样率高于原始连续带限场景的 Nyquist 采样率，所以图像并无混叠效应。

在 SR 技术中，通常还设定某种镜头与获取场景之间的运动，这使得相机的输入变为同一场景的多帧图像，这些图像可能包含局部或全局位移。再考虑到前面的大气湍流以及拍摄角度，图像会是扭曲的版本。我们所说的扭曲可以是平移、旋转等简单的刚体运动，也可以是仿射、透射等复杂的映射变换。由于拍摄空间时间的差异，每个 LR 图的扭曲都是不同的，要将它们恢复到原有的“形状”就必须进行配准，也就是将它们的像素放置于假想原型网格内。

进入相机，这些经过位移的高分辨率帧将受到不同类型的模糊影响，如光学模糊、运动模糊等。模糊建模是建立在对物理光学的理解之上的，数学模型要考虑到介质 (大气、水等) 湍流、镜头或传感器的光学响应、运动与快门反应、光学散焦等。模糊以及后面的噪声污染是 LR 图像降质的重要原因，解决这两个问题也是图像复原领域的主要任务，因此超分辨率重建技术与图像复原有着紧密的联系。

模糊后的图像在图像传感器 (如 CCD) 上被下采样形成最终的像素，形成像素的过程主要通过对落入每个传感器区域图像的积分来实现。模糊后的下采样是导致图像混叠的重要原因，这是由于低密度像素采集设备使图像采样率低于带限场景 Nyquist 采样率，必然形成混叠现象。

下采样图像还会受传感器、色彩滤波等噪声的影响。噪声模型的建立要根据不同噪声来源，这其中有光电噪声、热敏噪声、传输存储噪声、压缩量化噪声以及在配准中的误差。

至此，一个真实场景 (也可看成是理想的高分辨率图像) 就被低分辨率成像系统捕获，经过扭曲、模糊、下采样和噪声污染，最终成为我们通常所看到降质的扭曲、模糊、低分辨率混叠的噪声图像。

以上是低分辨率图像的产生过程的具体描述，从产生模型可以看出高分辨率原始图与低分辨率观测序列图之间的关联。事实上，超分辨率重建过程可以被看作是低分辨率图像成像系统产生模型的逆过程。值得注意的是，在多数超分辨率数学建模中，扭曲和模糊被合并为同一算子对图像进行处理，因此图 1.2 中用一个方框来包括这两个过程是合适的。

1.3　图像超分辨率重建原理

实现超分辨率重建并不是将低分辨率观测图像简单放大，也不是单纯地对低分辨率观测图像进行去模糊去噪，因此必须将它与相关的单帧插值和简单的图像去模糊去噪概念区别开来。在区分两种概念的基础上，下节给出了实现超分辨率重建的两种条件: ①已知同一场景多帧亚像素偏移的图像; ②已知高分辨率图像的先验信息。满足上述任一条件，都可实现超分辨率重建。下面给予详细阐述。

(1) 单帧插值仅仅是将图像进行放大而没有引入任何有用的新的信息，低于 Nyquist 采样率而形成的频率混叠现象并不能由图像的插值放大而被解决。要实现解混叠这一目的，首先要尽可能多获取目标场景的降质混叠低分辨率图像。但这并不是充分条件，不是说拥有低分辨率图像序列就一定能够重建出理想的高分辨率图像，或者说图像重建质量不完全取决于低分辨率图像的数量。从图 1.3 可以看出，整像素位移图像之间不能够为重建提供有效的信息，而亚像素位移的图像可以达到各帧之间信息互补，为重建提供丰富的信息源。假使每一幅低分辨率图像之间都存在亚像素位移，那么它们各自都包含互补有效信息。在已知相对位移关系情况下，低分辨率图像序列可以被合成来消除混叠效应进而重建出高分辨率图像。进一步地，如果重建出的高分辨率图像采样率满足 Nyquist 采样准则，它就可以精确代表原始连续场景。由此，我们可以说混叠信息可以被合成获取非混叠图像。因此，对于多帧超分辨率重建，能够改善分辨率的条件就是: 低分辨率图像之间存在的位移必须是亚像素级的，即亚像素位移。图 1.4 给出了非降质亚采样低分辨率图像与高分辨率图像的关系，演示了多帧超分辨率重建实施的可行性。图 1.4(e) 表示运用已知的亚像素位移得到的非均匀采样高分辨率图像。通过重采样，图 1.4(e) 可以转化为均匀采样的高分辨率图像 (图 1.4(f))，从而完成超分辨率重建的任务。

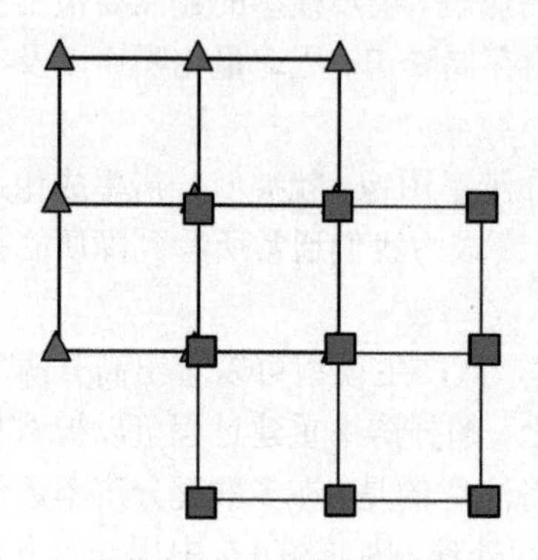

(a) 整像素移动不能提供有效信息

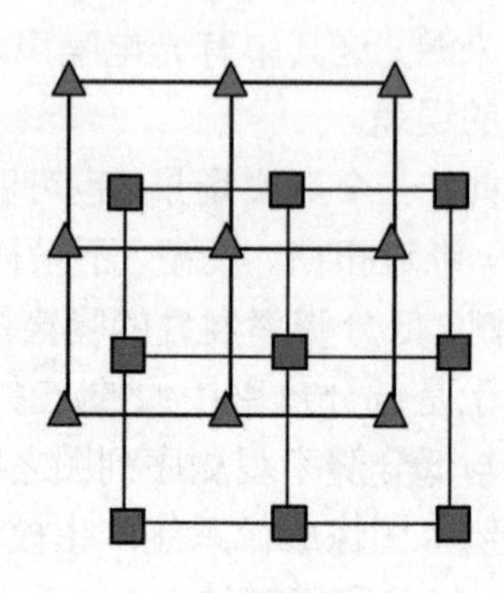

(b) 亚像素移动能够提供有效信息

图 1.3　多帧超分辨率重建需满足的条件

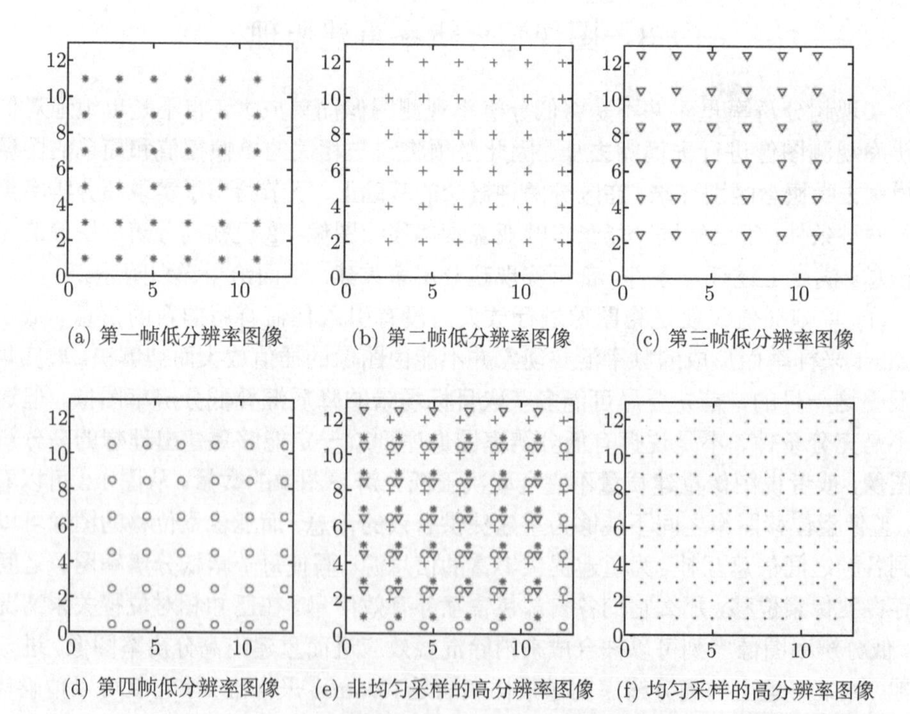

(a) 第一帧低分辨率图像　(b) 第二帧低分辨率图像　(c) 第三帧低分辨率图像

(d) 第四帧低分辨率图像　(e) 非均匀采样的高分辨率图像　(f) 均匀采样的高分辨率图像

图 1.4　多帧超分辨率重建实施的可行性演示

(2) 简单的去模糊去噪仅仅是用已固化的方法 (如维纳滤波) 恢复降质 (模糊有噪声) 的图像，并没有更多考虑图像本身特征，先验信息不够准确，也就达不到提高分辨率、恢复高频信息的目的。我们所讲的超分辨率重建过程，实质上是对降质图像进行的综合重建，既能够消除噪声模糊，又可以恢复原始真实的高频信息，从而达到提高图像分辨率的目的。准确先验的加入，其实就是为图像的重建加入了高频信息。从这一点来说，如果仅有一帧退化图像，但其高分辨率图像的先验知识已知，那么实现单帧的超分辨率重建也是可行的。

综上，要实现图像的超分辨率重建，必须至少满足下面的条件之一：①如果相对位置为亚像素偏移的多帧低分辨率图像已知，那么重建出高分辨率图像是可行的；②如果已知单帧低分辨率图像，且其高分辨率图像的先验信息确定，那么重建出高分辨率图像也是可行的。

1.4 图像超分辨率重建的频域方法

1.4.1 基于傅里叶变换的频域重建法

1984 年 Tsai 和 Huang 首次明确提出了超分辨率这一概念[2]，将无退化的多帧平移低分辨率观测图像用于重建单帧高分辨率图像，作者通过一个频域公式将高分辨率图像与多帧平移的低分辨率图像建立联系，频域公式基于连续和离散傅里叶变换的平移和混叠特性。文献 [2] 标志着真正意义上的超分辨率重建概念的诞生。自从 Tsai 的这一开创性论文发表以来，超分辨率重建一直都是最活跃的研究领域之一。

频域 SR 重建的数学描述，都是基于一个无噪声和带有已知参数的全局平移模型。下采样过程也被认为是冲击采样，没有传感器建模的模糊效应。许多研究人员沿着这一技术路线，扩展了许多方法，用来处理更复杂的观测模型[17,18]。Kim 等[19] 通过考虑观测噪声以及空间模糊对文献 [2] 进行了扩展。后来，通过引入 Tikhonov 正则化[20]，他们又做了进一步的扩展工作[21]。文献 [22] 提出一种局部运动模型，将图像划分为重叠块并对每个局部块单独进行运动估计。文献 [23] 使用 EM 算法同时进行了复原和运动估计。

1.4.2 基于离散余弦变换的频域重建法

为了减少超分辨率处理过程中的存储需求和计算量，Rhee 和 Kang[24] 采用基于离散余弦变换的方法代替离散傅里叶变换，同时采用多通道自适应确定正则系数以克服欠定系统的病态性。

频域法理论基础简单，算法复杂度低，计算效率高。然而，上述文献的频域 SR 理论并没有跳出最初提出的理论框架，也有不可回避的缺点。那就是局限于处理全局运动情况而且难于嵌入各种图像先验作为适当正则项。另外，所有频域方法都受到所应用的图像观测模型的限制，在处理更复杂的现实图像退化模型问题上，能力是有限的。因此，后续的超分辨率重建研究几乎都是在空域进行。

1.5 图像超分辨率重建的空域方法

为了克服频域中遇到的困难，摆脱频域法的局限性，过去二十年，很多空域方法被陆续提出[13,25,26,33,38]，使得代表性方法的覆盖面从频域到空域，从信号处理视角到机器学视角。研究人员最终大多都集中于更为有效的空域方法[26]，这是由于在空域对各种图像退化的建模更具灵活性。尽管也存在着一些问题，但空域法凭借其相对优越的性能渐渐成为超分辨率重建的主流方法。在空域框架内，已有许多算法纷纷被提出，呈现出百家争鸣的局面，这里大致将它们分为以下几种类别：①融合-复原法，也叫插值-复原法[27,28]；②统计方法，包括最大似然法 (maximum likelihood，ML)[29]，最大后验法 (maximum a posteriori，MAP)[30−33]，联合 MAP 重建，贝叶斯 (Bayesian) 方式[34,35]；③基于集合理论的重建[33,39]。

1.5.1 融合-复原法

此方法在超分辨率重建中是最为直观的，步骤如下：①估计低分辨率图像的亚像素运动参数，将此参数用作配准，也就是将每帧低分辨率图像置于一个高分辨率 (亚像素分隔的) 网格之上。此时，大多数低分辨率图像都位于网格的非整数点，因此在高分辨率网格上呈现出一帧像素非均匀分布的高分辨率图像。②为了形成一帧像素均匀分布的高分辨率图像，必须使用一种融合 (插值) 算法来获得所有整数点上的像素值。③由于在融合后的图像中仍存在模糊和少量噪声等退化因素，因此有必要采取一种解卷积方法来消除。

Keren 等[40] 基于全局平移和旋转模型，提出一种两步方法用于 SR 重建。Ur 和 Gross[41] 通过利用 Yen[42] 和 Papulis[43] 的广义多通道采样理论对配准融合后的空间亚像素平移低分辨率图像进行非均匀插值，接着又进行了去模糊处理。这里假定了图像间的相对位移是已知的。Komatsu 等提出了一种改善的超分辨率图像重建方法，这里他们利用了块匹配的技术来估算图像的相对位移。Nguyen 和 Milanfar[44,45] 通过利用低分辨率数据的交错采样结构，提出一种有效的基于小波的插值超分辨率重建算法。2000 年 Alam 等[46] 首先采用加权最近邻方法把运动补偿后的低分辨率图像帧映射插值到一个均匀高分辨率网格上，然后采用维纳滤波器完成去模糊和降噪的过程，最后实现红外图像的超分辨率重建。Elad 和 Hel-Or[47] 专注于特殊情况的 SR 重建，其中的观测图像包含纯平移、空间不变模糊和加性高斯噪声，提出了一种计算非常高效的算法。

文献 [48] 提出了一种基于三角剖分的方法，对不规则采样数据进行插值。然而，三角法对通常出现在真实应用中的噪声并不具鲁棒性。基于规一化卷积[49]，Pham 等[4] 提出了一个鲁棒的确定度和一种结构自适应的适应度函数，用于多项式 Facet

模型，并将此方法应用于不规则采样数据的融合。Merino 等[50] 于 2007 年提出一种超分辨率可变像素线性重建 (SRVPLR) 方法用于遥感图像的分辨率提高。2007 年 Narayanan 等[51] 提出一种基于 Partition Filter 的快速超分辨率重建算法，其计算代价较小，适用于实时处理的场合。近来，Takeda 等[27] 提出了一种自适应方向核回归，用于高分辨率图像网格的插值，其中低分辨率图像被配准且投影到高分辨率网格上。

喻继业等[52] 为了获得较高分辨率的图像，提出将图像类推技术与立方卷积插值法相结合，并在学习样本集合建立过程中直接对高分辨率图像的高频细节信息进行学习。孙琰玥等[53] 提出一种改进的小波局部适应插值的超分辨率重建方法，该方法能够弥补重建图像边缘不平滑的缺陷。

上述所有融合-复原法只需假设简易的观测模型，前向步骤直观、简单，而且计算开销低、效率高[54,55]，使得实时应用成为可能。然而，逐步前向的方法并不能保证最优的估计。降质模型对所有的低分辨率图像都是相同的，这限制了它的应用。配准误差会很容易传递到后期处理中。同时，由于没有考虑噪声和模糊效应，插值步骤并不是最理想的。而最后的复原忽略了插值中的误差，整个重建算法的最优性不能保证。此外，由于没有高分辨率图像先验作为合适的正则项，基于插值的方法需要针对混叠对有限的观测图像进行特殊处理。

1.5.2 统计方法

与插值-复原方法不同，统计方法将超分辨率重建步骤与最优重建结果随机关联，最终的重建结果通过迭代寻优来实现。高分辨率图像和低分辨率输入图像中的运动都可以视为随机变量。以下分类介绍。

1) 最大似然 (ML) 法

这是一种最简单的统计估计法，使用这种方法的前提是：假设高分辨率图像的先验是均匀分布的。也就是说，基于 ML 的重建方法可以看成基于 MAP 重建方法的特例，差别在于 ML 估计方法不使用先验知识。

正如文献 [38] 和 [56] 所述，ML 估计实质上可看成是一种投影算法。借助于计算机辅助 X 射线断层摄影技术中的迭代反向投影 (IBP) 思想，Irani 和 Peleg[57−59] 于 20 世纪 90 年代提出了一种简单但非常实用的基于误差反向投影的图像超分辨率重建方法，将最小二乘解卷积法应用到多帧低分辨率图像产生一帧高分辨率图像。此后，又对 IBP 方法进行了修改，以便能够处理通用的透视投影运动情况。Irani 算法对当前估计的迭代更新，是通过反向增加变形的模拟误差来实现，变形是通过误差与反向投影函数进行卷积得到。在文献 [59] 中，作者将这一思想运用到实际当中，与一种多运动跟踪算法联合来处理部分遮挡目标、透明目标和一些感兴趣目标。反向投影算法简单而且灵活，能够处理许多受到不同退化过程的观测图像。然而，反向投影的解不是唯一的，它依赖于初始值和反向投影核的选择。反向投影函数的确定，意味着一些潜在的噪声协方差的确定，其中的噪声属于观测低分辨率像素[56]。在运动估计未完成的情况下，Tom 等[23] 提出了一种 SR 图像估计算法，对亚像素位移、图像噪声和高分辨率图像同时进行估计。提出的 ML 估计是应用期望最大化 (EM) 算法实现的。1996 年 Tom 等通过改进运动补偿方法，进一步提高了迭代反向投影算法的性能，2001 年后又把它推广应用到彩色视频序列的超分辨率重建上。Elad 等提出一种基于自适应滤波理论的最小二乘估计器[60]，应用于高清晰度电视等场合，最小二乘估计的实质也是 ML 估计。Zomet 等[61]2004 年利用不同反投影图像的误差中值来改善 IBP 算法的性能，使用迭代最速下降法来最小化代价函数，从而使得改进算法在存在异常点的情况下具有更强的鲁棒性。

覃凤清等[62] 提出了一种具有子像素级精度的图像配准方法，并通过迭代反投影算法进行超分辨率重建。浦剑和张军平[63] 提出一种求解同时满足两个过完备词典 (低分辨率图像块词典和高分辨率图像块词典) 下的相同稀疏表示的方法，并利用它们实现图像稀疏表示的超分辨率重建。

就像图像去噪和单帧图像放大情况一样，在观测数据有限特别是当放大系数较大 (如大于 2) 时，直接 ML 估计而没有正则项，就会出现严重的不适定。通常 ML 估计对噪声、配准估计误差以及 PSF 估计误差特别敏感[56]，因此在合法解空间内适当地正则化是需要的。这就使得 MAP 估计法成为 SR 重建方法的主流。

2) 最大后验 (MAP) 法

如上所述，由于数量不足的低分辨率图像和病态的模糊操作数，超分辨率图像重建是一个不适定问题。而不适定问题的求反，就需要包含先验知识的正则项来稳定它的解，从而构造出 MAP 的求解路径。SR 重建的许多研究[30,64−70] 都是遵循 MAP 法，不同方法主要是在观测模型假设和所求解的先验项上做文章。许多学者对基于 MAP 重建方法作了深入研究，例如：Shekarforoush、Cheeseman 等。Hardie 等[71] 考虑了观测系统和检测阵列的先验知识，并提出了一种基于最小化正则化泛函的超分辨率重建方法。Bose[72] 指出了受限最小二乘问题中正则化参数的重要性，并采用 L-curve 方法来确定最优的正则化参数。肖创柏等[73] 针对标准 MAP 估计算法运算量大的问题，提出一种基于 MAP 超分辨率图像重建的快速算法。宋锐等[74] 提出了一种新的基于 MAP 的纹理自适应超分辨率图像复原算法。唐斌兵和王正明[9] 提出了一种利用先验图像的灰度分布作为约束的图像超分辨率复原的新方法。杨浩等[75] 提出了一种获取重建图像先验知识的新方法。倚海伦等[76] 在 L_1 范数图像超分辨率重建算法框架下，引入参数自适应估计，结合差分图像统计特性和概率分布模型提出一种基于混合先验模型的超分辨率重建方法。

现有文献中，已提出各种不同的自然图像先验。但它们没有一个脱颖而出，具有绝对优势。下面，我们列出三个常用在 SR 重建技术中的图像先验。

(1) 高斯马尔可夫随机场 (Gaussian Markov random field，GMRF)。

由于 MRF(Markov random field) 与 GRF(Gibbs random field) 的等价性，MRF 模型成为描述高分辨率图像先验概率的常用模型。Geman 首次将 MRF 模型引入图像复原领域。Tikhonov 正则化[20,38,77] 是最为常用的解决不适定问题的方法，其本质就是由高斯马尔可夫随机场演化而来。1997 年 Hong 等提出了基于 Tikhonov 正则化的超分辨率重建方法，其中正则化系数在每迭代步动态确定。后来 Kang[78] 又将其推广到包括多通道配准的反卷积超分辨率重建。Hardie 等[31] 提出了一种联合 MAP 框架，为高分辨率图像设定高斯马尔可夫随机场先验，并利用此先验同时估计出高分辨率图像和运动参数。Tipping 和 Bishop[79] 提出了一个简单的高斯过程先验，其中的协方差矩阵由图像像素的空间相关性构建。高斯过程先验良好的解析特性，使得通过贝叶斯方式就可以解决 SR 重建问题，其中未知的高分辨率图像被积出，以利于观测模型参数 (未知 PSF 和配准参数) 的鲁棒估计。尽管 GMRF 先验具有很多解析优势，但用于超分辨率重建也存在一个固有的不足，那就是所重建的结果往往过度平滑，尖锐的边缘被判罚，这是我们需要进行改进完善的。

(2) Huber 马尔可夫随机场 (Huber Markov random field，HMRF)。

GMRF 存在的问题可以通过对图像梯度分布的建模来改善。较之高斯分布，这种常用的分布具有重尾特性，称为 Huber MRF(HMRF)。这里，吉布斯势能取决于 Huber 函数。

这种先验更倾向于分段平滑，这样可以很好地保持边缘。Schultz 和 Stevenson[80] 为了保护边缘将 Huber MRF 应用到单帧图像放大问题中，而后又提出采用 HMRF 模型描述高分辨率图像先验分布，进而解决 SR 重建问题[30]。此后的许多关于超分辨率的文献都将 Huber MRF 作为正则化先验[15,34,81−85]。

(3) 总变分 (total variation，TV)。

作为一个梯度罚函数，总变分范数在图像去噪、去模糊文献中[86−88,89] 非常流行。TV 准则判罚的是图像总的变化量，其大小按梯度的 L_1 范数来衡量。TV 准则的 L_1 范数支持稀疏的渐变，在促进局部平滑的同时能够保留陡峭的局部梯度[83]。Farsiu 等[54] 推广了 TV 的构造，提出了所谓的双边 TV (BTV) 用于鲁棒的正则化。

3) 联合 MAP 重建

多帧 SR 重建可以分为两个子问题：LR 配准和高分辨率估计。许多之前的算法将这两种处理看作两个不同的过程：首先配准，然后由 MAP 估计，由于配准和估计是相互依赖的，所以这样分开处理并不是最优的。如果运动估计和高分辨率估计之间可以交互，则重建性能就可以提高。

Tom 等[23] 将 SR 问题划分为三个子问题，即配准、复原和插值。他们没有独立解决这些问题，而是利用基于期望最大化 (EM) 的最大似然同时估计配准和复原。后来他们还将插值包括到这一框架，利用 EM 估计所有的未知量[90]。文献 [31] 应用 MAP 框架，同时估计高分辨率图像和平移运动参数 (PSF 为已知先验)。高分辨率图像和运动参数的估计，使用的是循环坐标下降优化算法。该算法收敛缓慢但能使估计改善很多。Segall 等[91,92] 提供了一种密集运动矢量和高分辨率图像联合估计方法，并将其应用于压缩视频。Woods 等[93] 将噪声方差、正则化和配准参数作为未知量，基于已知的观测图像，在贝叶斯框架下对它们进行联合估计。Chung 等[16] 提出了一种联合优化框架，并证实了其对于坐标下降方法的优越性能[64]。他们将运动模型设为仿射变换进行处理。为了解决 SR 重建中更为复杂的多运动目标问题，Shen 等[94] 采用了联合运动估计、分割和 SR 重建的 MAP 框架。其中的优化，使用的是类似于文献 [64] 中的循环坐标下降方法。Yap 等[95] 提出一种非线性 L_1 范数法对图像进行联合配准和超分辨率重建，实现保持边缘锐度的同时抑制异常值的目的。邵文泽和韦志辉[12] 提出各向异性模型驱动的联合估计亚像素运动和高分辨率图像的变分超分辨率重建算法等。张冬明等[96] 提出了一种基于 MAP 框架的时空联合自适应视频序列超分辨率重建算法。孙玉宝等[97] 提出一种新的基于多形态稀疏性正则化的多帧图像超分辨率变分模型。吴炜等[11] 针对人脸图像进行基于学习的超分辨率技术研究，将流形学习算法融入到超分辨率算法中，并且将其用于人脸图像的超分辨率复原。

4) 贝叶斯方式

由于有限的低分辨率观测图像，SR 重建问题在本质上是不适定的。运动参数、PSF 和高分辨率图像的联合 MAP 估计，可能面临过拟合问题[79]。一般来说，虽然运动和模糊很难建模，但是带少量参数的简单模型足以应对许多 SR 应用。此时，给定低分辨率观测图像，通过积分积掉未知高分辨率图像继而再估计上述参数，是一种有效的方法。Tipping 和 Bishop[79] 提出贝叶斯方法解决 SR，这里未知高分辨率图像被积掉，边缘分布被用来估计 PSF 和运动参数。为使问题可解析处理，GMRF 先验被用于高分辨率图像建模。即使用一个不太合适的 GMRF 对高分辨率图像建模，仍然可以相当准确地估计出 PSF 和运动参数。这时，估计的参数被固定，接着进行高分辨率图像的 MAP 估计。与此类似的一种盲解卷积在文献 [98] 中也进行了深入分析讨论。贝叶斯方法优于前面所述的联合 MAP 方法，这是由于联合 MAP 方法很容易在 PSF 参数上产生过拟合。然而，对高分辨率图像积分的计算开销大，且图像的高斯先验会导致最终的重建结果过度平滑。抛弃对未知高分辨率图像的积分，Pickup 等在文献 [34, 85, 99, 100] 中提出了对未知 PSF 和运动参数等隐参数边缘化积分，同时也对不确定的配准参数进行建模[101]。这里，首先预估配准参数，然后设定配准参数为以预估值为均值的高斯变量，从而完成对其不确定性的建模。在积掉观测模型的参数后，高分辨率图像估计可以与任何合适的先验结合以实现 MAP 估计。与文献 [79] 方法对比，文献 [34,85,87] 方法可以得到非连续点更加尖锐的结果。

娄帅等[102] 从图像重建的贝叶斯方法出发，提出一种基于小波域分类隐马尔可夫树 (CHMT) 模型的超分辨率图像重建算法。陈翼男等[8] 在 Poisson 和马尔可夫随机场分布假设基础上，改进了存在噪声时多通道互限制原则，提出了一种基于最大后验概率判据的多通道图像盲复原算法。王素玉等[10] 提出一种基于权值矩阵的超分辨率盲复原算法。

通过积分积掉部分未知量的贝叶斯方法对于 SR 重建是一种极为有力的工具。然而，为了使运算可积，图像先验或配准参数不得不采用简单形式，这就限制了这些模型处理真实视频中可能发生的更复杂情况。另外，在实际应用中，此方法的计算效率也不是很理想，需要进一步提升。

1.5.3 基于集合理论的重建方法

除了上面所讨论的从统计随机视角进行超分辨率重建的方法，另外还有一类从集合论视角进行重建的方法，称为凸集投影 (projection onto convex sets，POCS) 法[103]。POCS 法解决 SR 问题是通过将多个约束凸集公式化来实现的，其中所求图像为上述多个约束凸集的交集中的一个点。利用估计的配准参数，这种算法可以同时解决插值和复原问题进而重建出超分辨率图像。POCS 描述了一种新颖的迭代方法，且凸集的定义灵活多样，可以将解的先验知识引入重建过程，能够嵌入不同种类甚至是非线性、非参数的约束或先验。

Ozkan 首次利用 POCS 方法进行图像复原。Stark 和 Oskoui 成功将 POCS 技术运用到早期的图像超分辨率重建中[104]。1997 年 Patti 开发出一种新的基于 POCS 的超分辨率技术，充分考虑了非零孔径时间、传感器的非零物理维数、传感器噪声和任意的采样网格等。后来进一步对其进行了扩展来处理空间可变 PSF、运动模糊、传感器模糊以及混叠采样效应[105−107]。Tekalp[108] 等将 POCS 推广到包含观测噪声的情形。此外，1996 年 Tom 等提出了一种基于椭圆限制集正则化的方法，并将椭圆集的中心作为超分辨率重建的估计解。许多超分辨率只考虑非零的孔径尺寸 (镜头模糊)，而不考虑有限孔径时间 (运动模糊)。事实上，运动模糊在真正的低分辨率视频中是相当常见的。文献 [107] 是较早在基于 POCS 技术的视频 SR 重建中考虑运动模糊的文献。有限孔径时间引起的运动模糊通常是空变或时变的，因此它不能从 SR 重建问题中分离出来作为一个单独的后处理步骤。而 POCS 技术可以方便地处理这样的问题。Eren 等[109] 在引进了有效图或分割图的基础上，提出了一种基于 POCS 法的鲁棒超分辨率重建，用于多运动目标的情形。该方法基于不准确运动估计的观测图像，将一种有效图映射用到禁用投影上，并将分割图用于目标基的处理。Elad 和 Feuer[38] 分析和比较了 ML、MAP 和 POCS 方法，提出了一种混合超分辨率方法。Patti 和 Altunbasak[36] 扩展了他们早期在图像观测模型中的工作以便实现高阶插值，同时还修改了约束集以便更有效地抑制邻近边缘的振铃伪影。

POCS 技术的优势在于其简单性，能嵌入任何类型的约束和先验，而这一点对于那些随机统计方法是不可能的。然而，POCS 的致命弱点是计算效率很低和收敛速度慢。求得的解取决于初始估计，且不唯一。POCS 法同样假设运动参数和系统模糊的先验。不像随机统计方法，POCS 法无法同时估计配准参数和高分辨率图像。因此，结合统计随机和 POCS 的混合方法将是一个有前景的研究方向。

肖创柏等[110] 根据 POCS 算法的原理，给出了模拟-修正迭代超分辨率图像重建方法，改善了高分辨率图像的边缘质量。孙琰玥等[111] 在自适应十字搜索块匹配算法的基础上，根据小波域中各图像之间的相关性，提出一种分层块匹配算法 —— 基于小波变换的改进的自适应十字模式搜索算法，该方法有效地减少了匹配点的搜索个数，且保持了较高的配准精度。最后采用凸集投影算法对配准后的图像进行超分辨率重建。

参 考 文 献

[1] Candes E J, Fernandez-Granda C. Towards a mathematical theory of super-resolution. Communications on Pure and Applied Mathematics, 2014, 67(6): 906-956.

[2] Tsai R, Huang T. Multiframe image restoration and registration//Advances in Computer Vision and Image Processing, 317-339. Greenwich, CT: JAI Press Inc., 1984.

[3] Vandewalle P, Süsstrunk S, Vetterli M. A frequency domain approach to registration of aliased images with application to super-resolution. EURASIP Journal on Applied Signal Processing, (special issue on Super-resolution), 2006, Article ID 71459.

[4] Pham T Q, van Vliet L J, Schutte K. Robust fusion of irregularly sampled data using adaptive normalized convolution. EURASIP Journal on Applied Signal Processing, 2006, Article ID 83268.

[5] Protter M, Elad M, Takeda H, et al. Generalizing the non-local-means to super-resolution reconstruction. IEEE Transactions on Image Processing, 2009, 16(2): 36-51.

[6] Takeda H, Milanfar P, Protter M, et al. Superresolution without explicit subpixel motion estimation. IEEE Transactions on Image Processing, 2009, 18 (9): 1958-1975.

[7] Hardie R C. A fast super-resolution algorithm using an adaptive wiener filter. IEEE Transactions on Image Processing, 2007, 16(12): 2953-2964.

[8] 陈翼男, 金伟其, 赵磊, 等. 基于 Poisson-Markov 分布最大后验概率的多通道超分辨率盲复原算法. 物理学报, 2009, 58(1): 264-271.

[9] 唐斌兵, 王正明. 基于先验约束的图像超分辨率复原. 红外与毫米波学报, 2008, 27(5): 389-392.

[10] 王素玉, 沈兰荪, 卓力, 等. 一种基于权值矩阵的序列图像超分辨率盲复原算法. 电子学

报, 2009, 37(6): 1198-1202.

[11] 吴炜, 杨晓敏, 陈默, 等. 基于流形学习的人脸图像超分辨率技术研究. 光学技术, 2009, 35(1): 84-88.

[12] 邵文泽, 韦志辉. 基于各向异性 MRF 建模的多帧图像变分超分辨率重建. 电子学报, 2009, 36(6): 1256-1263.

[13] Park S C, Park M K, Kang M G. Super-resolution image reconstruction: a technical overview. IEEE Signal Processing Magazine, 2003, 20(3): 21-36.

[14] Milanfar P. Super-Resolution Imaging. New York: CRC Press, 2010.

[15] Capel D, Zisserman A. Computer vision applied to superresolution. IEEE Signal Processing Magazine, 2003, 20(3): 75-86.

[16] Chung J, Haber E, Nagy J. Numerical methods for coupled super resolution. Inverse Problems, 2006, 22(4): 1261-1272.

[17] Vandewalle P, Sbaiz L, Vandewalle J, et al. Super-resolution from unregistered and totally aliased signals using subspace methods. IEEE Trans. Signal Processing, 2007, 55(7): 3687-3703.

[18] Zhu X X, Bamler R. Super-resolution power and robustness of compressive sensing for spectral estimation with application to spaceborne tomographic SAR. IEEE Transactions on Geoscience and Remote Sensing, 2012, 50(1): 247-258.

[19] Kim S P, Bose N K, Valenzuela H M. Recursive reconstruction of high resolution image from noisy undersampled multiframes. IEEE Transactions on Acoustics, Speech and Signal Processing, 1990, 38(6): 1013-1027.

[20] Tikhonov A N, Arsenin V A. Solution of Ill-posed Problems. Washington: Winston & Sons, 1997.

[21] Bose N K, Kim H C, Valenzuela H M. Recursive implementation of total least squares algorithm for image reconstruction from noisy, undersampled multiframes. In Proceedings of the IEEE Conference on Acoustics, Speech and Signal Processing, 1993, 5: 269-272.

[22] Su W, Kim S P. High-resolution restoration of dynamic image sequences. International Journal of Imaging Systems and Technology, 1994, 5(4): 330-339.

[23] Tom B C, Katsaggelos A K, Galatsanos N P. Reconstruction of a high resolution image from registration and restoration of low resolution images. In Proceedings of IEEE International Conference on Image Processing, 1994: 553-557.

[24] Rhee S H, Kang M G. Discrete cosine transform based regularized high-resolution image reconstruction algorithm. Optical Engineering, 1999, 38(8): 1348-1356.

[25] Borman S, Stevenson R L. Super-resolution from image sequences-A review. In Proceedings of the 1998 Midwest Symposium on Circuits and Systems, 1998: 374-378.

[26] Elad M, Farsiu S, Robinson D, et al. Advances and challenges in super-resolution. International Journal of Imaing Systems and Technology, 2004, 14(2): 47-57.

[27] Takeda H, Farsiu S, Milanfar P. Kernel regression for image processing and reconstruction. IEEE Transactions on Image Processing, 2007, 16(2): 349-366.

[28] Zhang K B, Gao X B, Tao D C, et al. Single image super-resolution with non-local means and steering kernel regression. IEEE Transactions on Image Processing, 2012, 21(11): 4544-4556.

[29] Capel D P, Zisserman A. Super-resolution from multiple views using learnt image models. In Proc. of the IEEE Conference on Computer Vision and Pattern Recognition, Kauai, HI, USA, 2001, 2: 627-634.

[30] Schultz R R, Stevenson R L. Extraction of high-resolution frames from video sequences. IEEE Transactions on Image Processing, 1996, 5(6): 996-1011.

[31] Hardie R C, Barnard K J, Armstrong E E. Join MAP registration and high resolution image estimation using a sequence of undersampled images. IEEE Transactions on Image Processing, 1997, 6(12): 1621-1633.

[32] Elad M, Datsenko D. Example-based regularization deployed to super-resolution reconstruction of a single image. The Computer Journal, 2007, 52(1): 15-30.

[33] Farsiu S, Elad M, Milanfar P. A practical approach to super-resolution. In Proc. of the SPIE: Visual Communications and Image Processing, San-Jose, 2006.

[34] Pickup L C, Capel D P, Roberts S J, et al. Bayesian methods for image super-resolution. The Computer Journal, 2009, 52(1): 101-113.

[35] Tian J, Ma K K. Stochastic super-resolution image reconstruction. Journal of Visual Communication and Image Representation, 2010, 21(3): 232-244.

[36] Patti A J, Altunbasak Y. Artifact reduction for set theoretic super resolution image reconstruction with edge adaptive constraints and higher-order interpolants. IEEE Transactions on Image Processing, 2001, 10(1): 179-186.

[37] Baker S, Kanade T. Limits on super-resolution and how to break them. IEEE Transactions on Pattern Analysis and Machine Intelligence, 2002, 24(9): 1167-1183.

[38] Elad M, Feuer A. Restoration of single super-resolution image from several blurred, noisy and down-sampled measured images. IEEE Transaction on Image Processing, 1997, 6(12): 1646-1658.

[39] Stark H, Oskoui P. High-resolution image recovery from image plane arrays, using convex projections. Journal of Optical Society of America A, 1989, 6(11): 1715-1726.

[40] Keren D, Peleg S, Brada R. Image sequence enhancement using subpixel displacements. In Proceedings of the IEEE Conference on Computer Vision and Pattern Recognition, 1988: 742-746.

[41] Ur H, Gross D. Improved resolution from subpixel shifted pictures. CVGIP: Graphical Models and Image Processing, 1992, 54(2): 181-186.

[42] Yen L J. On non-uniform sampling of bandwidth limited signals. IRE Transactions on Circuits Theory, 1956, 3(4): 251-257.

[43] Papulis A. Generalized sampling expansion. IEEE Transactions on Circuits and Systems, 1977, 24(11): 652-654.

[44] Nguyen N, Milanfar P. A wavelet-based interpolation-restoration method for superresolution (wavelet superresolution). Circuits, Systems, and Signal Processing, 2000, 19(4): 321-338.

[45] Nguyen N, Milanfar P. An efficient wavelet-based algorithm for image super-resolution. In Proceedings of International Conference on Image Processing, 2000, 2: 351-354.

[46] Alam M S, Bognar J G, Hardie R C. Infrared image registration and high-resolution reconstructionusing multiple translationally shifted aliased video frames. IEEE Transactions on Instrumentation and Measurement, 2000, 49(5): 915-923.

[47] Elad M, Hel-Or Y. A fast super-resolution reconstruction algorithm for pure translational motion and common space invariant blur. IEEE Transactions on Image Processing, 2001, 10(8): 1187-1193.

[48] Lertrattanapanich S, Bose N K. High resolution image formation from low resolution frames using Delaunay triangulation. IEEE Transaction on Image Processing, 2002, 11(12): 1427-1441.

[49] Knutsson H, Westin C F. Normalized and differential convolution methods for interpolation and filtering of incomplete and uncertain data. Proceedings of IEEE Computer Society Conference on Computer Vision and Pattern Regocnition (CVPR), New York, NY, USA, 1993: 515-523.

[50] Merino M T, Nunez J. Super-resolution of remotely sensed images with variable-pixel linear reconstruction. IEEE Transactions on Geoscience and Remote Sensing, 2007, 45(5): 1446-1457.

[51] Narayanan B, Hardie R C, Barner K E. A computationally efficient super-resolution algorithm for video processing using partition filters. IEEE Transactions on Circuits and Systems for Video Technology, 2007, 17(5): 621-634.

[52] 喻继业, 吴炜, 滕奇志, 等. 基于图像类推的遥感图像超分辨率技术. 计算机应用, 2010, 30(1): 61-64, 67.

[53] 孙琰玥, 何小海, 陈为龙. 小波局部适应插值的图像超分辨率重建. 计算机工程, 2010, 36(13): 183-185.

[54] Farsiu S, Robinson D, Elad M, et al. Fast and robust multi-frame super-resolution. IEEE Transaction on Image Processing, 2004, 13(10): 1327-1344.

[55] Chiang M C, Boulte T E. Efficient super-resolution via image warping. Image and Vision Computing, 2000, 18(10): 761-771.

[56] Capel D. Image Mosaicing and Super-Resolution. Springer-Verlag, 2004.

[57] Irani M, Peleg S. Super resolution from image sequences. In Proceedings of 10th International Conference on Pattern Recognition, 1990, 2: 115-120.

[58] Irani M, Peleg S. Improving resolution by image registration. CVGIP: Graphical Models and Image Processing, 1991, 53(3): 231-239.

[59] Irani M, Peleg S. Motion analysis for image enhancement: resolution, occlusion and tranparency. Journal of Visual Communications and Image Representation, 1993, 4(4): 324-335.

[60] Elad M, Feuer A. Superresolution restoration of an image sequence: adaptive filtering approach. IEEE Transactions on Image Processing, 1999, 8(3): 387-395.

[61] Zomet A, Rav-Acha A, Peleg S. Robust super-resolution. In Proc. of CVPR'01, Kauai, Hawaii, 2001, I: 645-650.

[62] 覃凤清, 何小海, 陈为龙, 等. 一种图像配准的超分辨率重建. 光学精密工程, 2009, 17(2): 409-416.

[63] 浦剑, 张军平. 基于词典学习和稀疏表示的超分辨率方法. 模式识别与人工智能, 2010, 23(3): 335-340.

[64] Kaltenbacher E, Hardie R C. High-resolution infrared image reconstruction using multiple low resolution aliased frames. In Proceedings of the IEEE National Aerospace Electronics Conference, 1996, 2: 702-709.

[65] Yang J C, Wang Z W, Lin Z, et al. Coupled dictionary training for image super-resolution. IEEE Transactions on Image Processing, 2012, 21 (8): 3467-3478.

[66] Gao X B, Zhang K B, Tao D C, et al. Joint learning for single-image super-resolution via a coupled constraint. IEEE Transactions on Image Processing, 2012, 21(2): 469-480.

[67] Gao X B, Zhang K B, Tao D C, et al. Image super-resolution with sparse neighbor embedding. IEEE Transactions on Image Processing, 2012, 21(7): 3194-3205.

[68] Yang S Y, Wang M, Chen Y G, et al. Single-image super-resolution reconstruction via learned geometric dictionaries and clustered sparse coding. IEEE Transactions on Image Processing, 2012, 21(9): 4016-4028.

[69] Zhang H Y, Zhang L P, Shen H F. A super-resolution reconstruction algorithm for hyperspectral images. Signal Processing, 2012, 92(9): 2082-2096.

[70] Peleg T, Elad M. A statistical prediction model based on sparse representations for single image super-resolution. IEEE Transactions on Image Processing, 2014, 23(6): 2569-2582.

[71] Hardie R C, Barnard K J, Bognar J G, et al. High-resolution image reconstruction from a sequence of rotated and translated frames and its application to an infrared imaging system. Optical Engineering, 1998, 37(1): 247-260.

[72] Bose N K, Lertrattanapanich S, Koo J. Advances in superresolution using L-curve. In Proceedings of International Symposium Circuits and Systems, 2001, 2: 433-436.

[73] 肖创柏, 禹晶, 薛毅. 一种基于 MAP 的超分辨率图像重建的快速算法. 计算机研究与发展, 2009, 46(5): 872-880.

[74] 宋锐, 吴成柯, 封颖, 等. 一种新的基于 MAP 的纹理自适应超分辨率图像复原算法. 电子学报, 2009, 37(5): 1124-1129.

[75] 杨浩, 安国成, 陈向东, 等. 一种基于实例的文本图像超分辨率重建算法. 东南大学学报(自然科学版), 2008, 38(2): 191-194.

[76] 倚海伦, 王庆. 基于混合先验模型的超分辨率重建. 计算机工程, 2008, 34(22): 210-212.

[77] Nguyen N, Milanfar P, Golub G H. A computationally efficient image superresolution algorithm. IEEE Transactions on Image Processing, 2001, 10(5): 573-583.

[78] Kang M G. Generalized multichannel image deconvolution approach and its applications. Optical Engineering, 1998, 37(11): 2953-2964.

[79] Tipping M E, Bishop C M. Bayesian image superresolution. In Proceedings of Advances in Neural Information Proceeding Systems, 2003: 1279-1286.

[80] Schultz R R, Stevenson R L. A Bayesian approach to image expansion for improved definition. IEEE Transactions on Image Processing, 1994, 3(3): 233-242.

[81] Borman S, Stevenson R L. Simultaneous multi-frame MAP superresolution video enhancement using spatio-temporal priors. In Proceedings of IEEE International Conference on Image Processing, 1999, 3: 469-473.

[82] Capel D, Zisserman A. Automated mosaicing with super-resolution zoom. In Proceedings of IEEE Computer Society Conference on Computer Vision and Pattern Recognition, 1998: 885-891.

[83] Capel D, Zisserman A. Super-resolution enhancement of text image sequences. In Proceedings of the International Conference on Pattern Recognition, 2000, 1: 1600-1605.

[84] Capel D, Zisserman A. Super-resolution enhancement of text image sequences. In Proceedings of 15th International Conference on Pattern Recognition, 2000: 600-605.

[85] Pickup L C, Capel D P, Roberts S J, et al. Bayesian image super-resolution, continued. In Proceedings of Advances in Neural Information and Proceedings Systems, 2006: 1089-1096.

[86] Rudin L, Osher S, Fatemi E. Nonlinear total variation based noise removal algorithms. Physica D: Nonlinear Phenomena, 1992, 60(1-4): 259-268.

[87] Li Y, Santosa F. A computational algorithm for minimizing total variation in image restoration. IEEE Transactions on Image Processing, 1996, 5(6): 987-995.

[88] Chan T F, Osher S, Shen J. The digital TV filter and nonlinear denosing. IEEE Transaction on Image Processing, 2001, 10(2): 231-241.

[89] Yuan Q Q, Zhang L P, Shen H F. Multiframe super-resolution employing a spatially weighted total variation model. IEEE Transactions on Circuits and Systems for Video Technology, 2012, 22(3): 379-392.

[90] Tom B C, Katsaggelos A K. Reconstuction of a high-resolution image by simultaneous registration, restoration and interpolation of lowresolution images. In Proceedings of the IEEE International Conference on Image Processing, 1995, 2: 2539.

[91] Segall C A, Katsaggelos A K, Molina R, et al. Bayesian resolution enhancement of compressed video. IEEE Transactions on Image Processing, 2004, 13(7): 898-910.

[92] Segall C A, Molina R, Katsaggelos A K. High resolution images from low-resolution compressed video. IEEE Signal Processing Magazine, 2003, 20(3): 37-38.

[93] Woods N A, Galatsanos N P, Katsaggelos A K. Stochastic methods for joint registration, restoration and interpolation of multiple undersampled images. IEEE Transactions on Image Processing, 2006, 15(1): 210-213.

[94] Shen H, Zhang L, Huang B, et al. A MAP approach for joint motion estimation, segmentation and super-resolution. IEEE Transactions on Image Processing, 2007, 16(2): 479-490.

[95] Yap K H, He Y, Tian Y S, et al. A nonlinear L_1-norm approach for joint image registration and super-resolution. IEEE Signal Processing Letters, 2009, 16(11): 981-984.

[96] 张冬明, 潘炜, 陈怀新. 基于 MAP 框架的时空联合自适应视频序列超分辨率重建. 自动化学报, 2009, 35(5): 484-490.

[97] 孙玉宝, 韦志辉, 肖亮, 等. 多形态稀疏性正则化的图像超分辨率算法. 电子学报, 2010, 38(12): 2898-2903.

[98] Levin A, Weiss Y, Durand F, et al. Understanding and evaluating blind deconvolution algorithms. In Proceedings of IEEE Computer Society Conference on Computer Vision and Pattern Recognition, 2009: 1964-1971.

[99] Pickup L C, Capel D P, Robert S J, et al. Overcoming registration uncertainty in image super-resolution: maximize or marginalize? EURASIP Journal on Advances in Signal Processing, 2007.

[100] Pickup L C. Machine learning in multi-frame image super-resolution. Ph. D. dissertation, Dept. of Eng. & Sci., Univ. Oxford, Oxford, UK, 2007.

[101] Robinson D, Milanfar P. Fundamental performance limits in image registration. IEEE Transactions on Image Processing, 2004, 13(9): 1185-1199.

[102] 娄帅, 丁振良, 袁峰, 等. 基于小波域 CHMT 模型的超分辨率图像重建. 数据采集与处理, 2008, 23(S1): 77-80.

[103] Youla D C, Webb H. Image registration by the method of convex projections: Part 1-thoery. IEEE Transactions on Medical Imaging, 1982, 1(2): 81-94.

[104] Stark H, Oskoui P. High-resolution image recovery from image plane arrays, using convex projections. Journal of Optical Society of America A, 1989, 6(11): 1715-1726.

[105] Patti A J, Sezan M, Tekalp A M. Robust methods for high quality stills from interlaced video in the presence of dominant motion. IEEE Transactions on Circuits and Systems for Video Technology, 1997, 7(2): 328-342.

[106] Patti A J, Sezan M I, Tekalp A M. High-resolution image reconstruction from a low-resolution image sequence in the presence of time-varing motion blur. In Proceedings

of the IEEE International Conference on Image Processing, 1994, 1: 343-347.

[107] Patti A J, Sezan M I, Tekalp A M. Superresolution video reconstruction with arbitrary sampling lattices and nonzero aperture time. IEEE Transactions on Image Processing, 1997, 6(8): 1064-1076.

[108] Tekalp A M, Ozkan M K, Sezan M I. High-resolution image reconstruction from lower-resolution image sequences and space varying image restoration. In Proceedings IEEE International Conference on Acoustics, Speech and Signal Processing, 1992, 3: 169-172.

[109] Eren P E, Sezan M I, Tekalp A M. Robust, object-based high resolution image reconstruction from low-resolution video. IEEE Transactions on Image Processing, 1997, 6(10): 1446-1451.

[110] 肖创柏, 段娟, 禹晶. 序列图像的 POCS 超分辨率重建方法. 北京工业大学学报, 2009, 35(1): 108-113.

[111] 孙琰玥, 何小海, 宋海英, 等. 一种用于视频超分辨率重建的块匹配图像配准方法. 自动化学报, 2011, 37(1): 37-43.

第 2 章　基于优化-最小求解的广义总变分图像超分辨率重建

在成像过程中，除了噪声，由于光学器件和环境扰动等原因，模糊也会广泛地影响着最终图像的质量。因此，在去噪的同时，去模糊也是图像超分辨率重建技术所需要解决的重要问题。包含去模糊的图像超分辨率重建，其数学本质可以由反问题模型来刻画和说明。反问题求解最大困难在于大多数反问题都呈现出不适定性，也就是说反问题的算子矩阵即图像的退化矩阵是奇异或接近奇异的。这就导致了求得的结果对于微小扰动极其敏感，在图像上的具体表现就是即使观测图像含有低强度噪声，也会使重建结果包含大量高强度噪声而难以接受甚至还不如观测图像。为了解决反问题的不适定性，大量的技术方法应运而生，其中大多数都是基于正则化技术[1]。这是一种迄今为止相当有效的方法，其基本思想就在于用一种正则项作为原始待估图像的先验知识来约束重建图像的强度分布，在解模糊的过程中尽可能减少噪声的影响。

事实上，正则化技术的本质就是最大后验 (MAP) 法，其中的正则项相当于最大后验法的先验。为了解决超分辨率中的解模糊问题，我们将讨论转向最大后验法超分辨率重建的这一研究主线，重点分析图像先验即正则项的优化原则并对其进行建模。

正则项的选择和建模至今仍是一个开放问题。由于自然图像边缘和纹理特征的存在，其强度分布并不是全局平滑而是分片平滑的。性能卓越的正则项应当是在有效抑制噪声的同时能够识别并保护边缘或非连续点，从而避免使它们被过度地平滑。许多文献都提出了有效的正则项形式，例如，基于马尔可夫随机场 (Markov random field, MRF) 正则项刻画了图像随机场的局部 Markov 性[2,3]；基于小波的正则先验按照贝叶斯方式在小波域对图像复原进行了刻画[5,6]；Tikhonov 正则项等价于标准 Laplacian 热传导方程解，能够实现图像各向同性平滑[6,7]；总变分 (total variation, TV) 正则项定义了一种细节保存的图像先验[8−11]；双边总变分 (bilateral total variation，BTV) 正则项扩展了 TV 所影响的邻域[6,12]；以及随图像结构改变的核回归自适应正则项[13]。

在众多已报道的正则化方法中，TV 正则项以其合适的重尾特性，能够较好地解决非连续点的过度平滑。不仅如此，基于 TV 的方法在图像处理中的修补、非盲解卷积、盲解卷积以及多光谱处理等方面都表现出了良好的性能。然而，由于 TV

正则的开方形式使得微分很难进行，造成了最终优化求解的困难。另外，TV 正则仅对相邻像素建立变分关系，对于更大的邻域没有给出有效变分形式。目前，大量研究和文献都在试图解决优化和扩展邻域问题。其中，Farsiu 等[6] 提出的 BTV 方法通过绝对值近似解决了优化问题，同时吸收了双边滤波的思想[12] 将 TV 变分关系扩展为非一阶形式。Tian 等[14] 提出了一种随机的方法来达到优化目的，用 MCMC(Markov chain Monte Carlo) 随机生成一系列可靠的像素样本，而后取其均值得到较为稳定而准确的结果。Oliveira 等[15] 提出的优化-最小 (majorization-minimization，MM) 算法，吸收了期望-最大化 (expectation–maximization，EM) 思想[16]，利用一系列较简单的优化来代替 TV 中难以解决的优化问题，使得精确求解 TV 变得可行。

本章借鉴 BTV 正则化中的距离和灰度双重加权机制，提出了一种基于广义总变分 (generalized total variation，GTV) 正则化的图像超分辨率方法。GTV 不是采取像 BTV 对 TV 方法的近似推广而是一种准确推广，这样提高了邻域像素相关性的准确度。对于 GTV 面临的类似 TV 优化求解的困难，这里采用了 MM 算法来加以解决，从而保证了结果的准确性和有效性。实验结果表明，提出的方法具有较好的抑制噪声和保持边缘的能力，其改善信噪比 (improvement of SNR，ISNR) 指标优于基于 TV 正则化和 BTV 正则化图像重建的结果指标。

2.1 问题描述

2.1.1 MAP 图像超分辨率重建的求解框架

图像超分辨率重建的目的是从观测到的已知退化 (扭曲、模糊、下采样和噪声) 图像 $\boldsymbol{y}$ 重建估计出未知原始 (高分辨率清晰无噪) 图像 $\boldsymbol{x}$，可以用以下公式表示图像的降质过程：

$$\boldsymbol{y} = \boldsymbol{H}\boldsymbol{x} + \boldsymbol{n} \tag{2.1}$$

式中，$\boldsymbol{x}$ 表示待重建原始图像；$\boldsymbol{H}$ 表示扭曲、模糊、下采样的合成算子；$\boldsymbol{n}$ 表示均值为 0、方差为 σ^2 的独立同分布高斯白噪声。

直观上，可依照最小二乘法求解 $\boldsymbol{x}$，这样可使整体误差达到最小。但是，通常 $\boldsymbol{H}$ 为奇异或不可逆矩阵，求解问题就变成了不适定或病态的反问题。这时即使 $\boldsymbol{n}$ 是微小的扰动，也会使估计出的 $\boldsymbol{x}$ 分布大量高强度的噪声。为了得到一幅视觉上可被接受的结果，MAP 的求解框架增加了正则项，求解公式为

$$\hat{\boldsymbol{x}} = \arg\min_{\boldsymbol{x}} \left\{ \|\boldsymbol{y} - \boldsymbol{H}\boldsymbol{x}\|_2^2 + \lambda P(\boldsymbol{x}) \right\} \tag{2.2}$$

式中，$\|\boldsymbol{z}\|_2^2$ 是指欧几里得范数，前面一项称为保真项，$P(\boldsymbol{x})$ 代表惩罚函数，也就

是上面所说的正则项或正则化函数，通常 $P(\boldsymbol{x})$ 表现为一种高通滤波形式。λ 表示正则参数，它的作用是平衡正则项和保真项，如果 λ 变大，重建图像趋于光滑，反之则数据拟合误差变小。

2.1.2　正则化函数的选取原则

一般情况下，图像不可能全局平滑，而是总会包含边缘和纹理等非连续点，这是一幅图像的重要特征所在，因此可以将一般图像看作是分片光滑的。选取正则化函数的原则就是：能在平滑噪声的同时保持非连续点的特性。统计分析表明，高通滤波后的图像中非连续点的值较大，而平滑处即使含有噪声其值也小于非连续点值。因此，对于高频分量值较大的区域要降低它的相对惩罚强度以保护非连续点。

常用的 Tikhonov 正则化函数对非连续点处的高频分量惩罚非常严重，其表达形式为

$$P(\boldsymbol{x}) = \|\Gamma\boldsymbol{x}\|_2^2 = \left|(\Gamma\boldsymbol{x})_{(1)}\right|^2 + \left|(\Gamma\boldsymbol{x})_{(2)}\right|^2 + \cdots \tag{2.3}$$

通常，Γ 是对图像的高通滤波算子，$\Gamma\boldsymbol{x}$ 可看作是相应的高频分量图像，式 (2.3) 的本质是取高频分量的二次方和。由于非连续点处的高频分量数值较大，平方处理后数值会更大，如图 2.1 中实线所示，在优化求最小值时惩罚非常严重，使得重建图像的非连续点过于平滑。因此 Tikhonov 正则化函数并不是理想的正则项。需要做的改进是降低正则化函数曲线在高频分量较大值处的斜率，反映在图上就是使曲线尾部尽可能压低呈现所谓重尾特征。

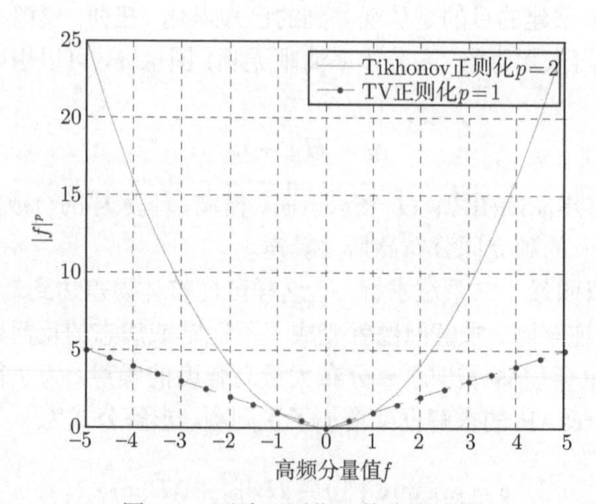

图 2.1　两种正则化函数曲线比较

针对 Tikhonov 正则项的不足，Rudin 等提出了一种总变分正则项，表达式如下[8−11]：

$$P(\boldsymbol{x}) = TV(\boldsymbol{x}) = \|\nabla \boldsymbol{x}\|_1 = \left|(\nabla \boldsymbol{x})_{(1)}\right| + \left|(\nabla \boldsymbol{x})_{(2)}\right| + \cdots = \sum_i \left|(\nabla \boldsymbol{x})_{(i)}\right|$$

$$= \sum_i \sqrt{\left(\Delta_i^h \boldsymbol{x}\right)^2 + \left(\Delta_i^v \boldsymbol{x}\right)^2} \tag{2.4}$$

式中，$\Delta_i^h \boldsymbol{x}$ 和 $\Delta_i^v \boldsymbol{x}$ 分别表示在 i 像素处水平和垂直方向上的一阶差分，因此 $\nabla \boldsymbol{x}$ 就是 $\boldsymbol{x}$ 梯度，也可看作是高频分量图像。

TV 正则化函数以梯度模相加形式存在，因此惩罚函数本质是线性的，如图 2.1 虚线所示，相比 Tikhonov 正则项其函数曲线上升较慢，满足重尾要求。这一性质使得 TV 在消除噪声的同时能够保持非连续点的非连续性，因此更适合于分片光滑的自然真实图像。

2.2 广义总变分正则项

如前所述，总变分 (TV) 正则项在去噪同时较好地保持了边缘锐度是一种比较理想的正则化方法。为了使 TV 正则化具有更广的适用性，很多学者提出了推广方案，例如：Rodriguez 等在正则化范数方面进行了推广，提出了一种范数意义上的广义 TV 正则化[17]；Kumar 等提出了 TSV(total subset variation) 的概念，试图从子集合的角度来推广 TV[18]。事实上，TV 正则项在应用过程中也表现出了某些不足：①仅表征了像素的一阶差分，也即只对相邻像素建立联系，对于更大范围的邻域像素关系并未涉及。②由式 (2.4) 看出在优化求解过程中，TV 正则项很难对 $\boldsymbol{x}$ 进行求导，这给数值优化计算带来了不便。针对上述问题，双边总变分 (BTV) 对 TV 正则项进行了改进。在借鉴 BTV 思想的基础上我们提出了一种邻域扩展的广义总变分正则项。下面首先简要介绍 BTV 的思想，而后给出本书所提出的广义 TV 正则项。

2.2.1 双边总变分 (BTV) 的思想

近年来，由 Farsiu[6] 提出的 BTV 正则项受到国内外学者的关注。BTV 吸收了 Tomasi 的双边滤波器思想[12]，考虑到中心像素与邻近像素的距离和灰度关系，这样扩展了正则项的影响邻域，也即将中心像素与更多的邻域像素建立联系，提高估计的准确性。当然，随着距离增大，中心像素与邻近像素的关系的权重将会逐步减小。正是这种双重正则机制，保证了正则项去噪保边缘的能力。BTV 的表达式如下：

$$BTV(\boldsymbol{x})=\sum_{l=1}^{p}\sum_{m=1}^{p}\alpha^{|l|+|m|}\left\|\boldsymbol{x}-\boldsymbol{s}_x^l\boldsymbol{s}_y^m\boldsymbol{x}\right\|_1 \tag{2.5}$$

式中，$\boldsymbol{s}_x^l$ 和 $\boldsymbol{s}_y^m$ 分别表示向 x 方向移动 l 个像素和向 y 方向移动 m 个像素，$0<\alpha<1$ 是距离度量参数。Farsiu 指出 TV 可以近似为 BTV 的一个特例，即当 $l=1$，$m=0$ 和 $l=0$，$m=1$ 且 $\alpha=1$ 时，

$$BTV(\boldsymbol{x})=\left\|\boldsymbol{x}-\boldsymbol{s}_x^1\boldsymbol{x}\right\|_1+\left\|\boldsymbol{x}-\boldsymbol{s}_y^1\boldsymbol{x}\right\|_1\approx TV(\boldsymbol{x}) \tag{2.6}$$

这样使得正则项的求导变得可行，但它是以近似方式解决了数值计算中的优化瓶颈。也可以说，BTV 是 TV 的一种近似推广。

2.2.2　改进的 BTV——广义 TV 正则项

BTV 中对 TV 的近似是为了解决优化求解的瓶颈。然而，如果有一种优化算法能够解决 TV 寻优求解的困境 (下节将给出这种优化算法)，那么准确的 TV 推广将变得可行。

另外，图像中像素间的相关性在某种程度上取决于它们的几何距离，距离越大，相互影响越小，反之影响越大。注意到，在 BTV 中 α 的指数是 L_1 范数形式，并不能严格度量像素间的距离，使得几何距离不同的像素有可能对中心像素产生相同的影响，这不严格符合随机场的马尔可夫性质。如图 2.2 所示，设像素 A 与像素 B 之间的距离为 d_1，像素 A 与像素 C 之间的距离为 d_2，那么 $d_1>d_2$。这里距离度量采用的是更准确的欧几里得范数 $\sqrt{l^2+m^2}$ 形式。从此意义上来说，C 对 A 应当比 B 对 A 产生更大的影响。但是，按照 BTV 中的距离计算标准 $|l|+|m|$，就有 $d_1=d_2$ 的结果，这样 C 和 B 对 A 具有了同样的相关度，显然不准确。

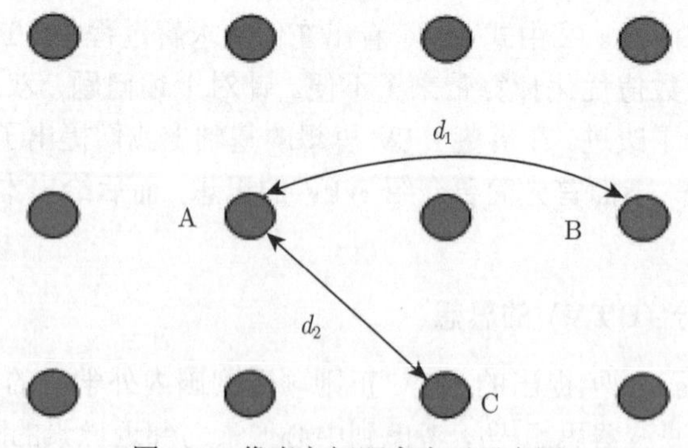

图 2.2　像素之间距离表示示意图

为了验证两种范数对超分辨率重建结果的不同影响，我们分别以欧几里得范数与 1-范数为 α 的指数做 BTV 正则化的单帧超分辨率重建实验。实验对 Lena 图像采用核函数 $\boldsymbol{h}=[1\quad 4\quad 6\quad 4\quad 1]^{\mathrm{T}}[1\quad 4\quad 6\quad 4\quad 1]/256$ 进行模糊后，分别加入标

准差为 12、15 和 18 的三种高斯白噪声产生三幅降质图像。对三幅图像采用不同范数的 BTV 进行单帧超分辨率重建。采用改善信噪比 ISNR $=10\log_{10}(\|\boldsymbol{y}-\boldsymbol{x}\|_2^2/\|\hat{\boldsymbol{x}}-\boldsymbol{x}\|_2^2)$ 对图像重建结果进行评价。评价指标结果如表 2.1 所示。

表 2.1 不同范数 BTV 超分辨率重建的 ISNR 比较

噪声标准差	12	15	18
1-范数 BTV	2.67406 dB	2.63917 dB	2.39065 dB
欧几里得范数 BTV	3.0211 dB	3.72324 dB	4.2303 dB

从表中结果可以看出 BTV 的指数采用欧几里得范数形式比 1-范数形式具有更好的重建效果。

基于上述理论和实验分析，我们在借鉴 BTV 双重正则机制的基础上，给出 GTV 正则项的表达式如下：

$$GTV(\boldsymbol{x})=\sum_{l=1}^{p}\sum_{m=1}^{p}\alpha^{\sqrt{l^2+m^2}}TV_{lm}(\boldsymbol{x})=\sum_{l=1}^{p}\sum_{m=1}^{p}\alpha^{\sqrt{l^2+m^2}}\left\|\nabla_{lm}\boldsymbol{x}\right\|_1 \tag{2.7}$$

其中

$$TV_{lm}(\boldsymbol{x})=\left\|\nabla_{lm}\boldsymbol{x}\right\|_1=\sum_i\sqrt{\left(\Delta_i^{lh}\boldsymbol{x}\right)^2+\left(\Delta_i^{mv}\boldsymbol{x}\right)^2} \tag{2.8}$$

式中，$\Delta_i^{lh}\boldsymbol{x}$ 和 $\Delta_i^{mv}\boldsymbol{x}$ 分别表示在 i 像素处水平和垂直方向上的 l 阶和 m 阶差分。

从式 (2.7) 可以看出，GTV 正则项至少有以下优点：

(1) 类似于 BTV 正则项，不仅考虑了灰度相关性，而且考虑到了距离相关性，使得基于 GTV 正则化求解要优于基于 TV 正则化求解。

(2) 当 $l=1, m=1$ 且 $\alpha=1$ 时，

$$GTV(\boldsymbol{x})=TV_{11}(\boldsymbol{x})=\left\|\nabla_{11}\boldsymbol{x}\right\|_1=TV(\boldsymbol{x}) \tag{2.9}$$

与式 (2.6) 相比，TV 可以用 GTV 的一个特例准确表示，不再需要近似。因此从这个角度来看，GTV 比 BTV 更准确地推广了 TV。

(3) 距离度量参数 α 的指数采用欧几里得范数 $\sqrt{l^2+m^2}$，而不是像 BTV 采用 1-范数 $|l|+|m|$，这样就更为准确地刻画了像素之间的距离。

至此，在代价函数中加入 GTV 正则项，可以得到总的求解 $\boldsymbol{x}$ 的代价函数为

$$\boldsymbol{L}(\boldsymbol{x})=\|\boldsymbol{y}-\boldsymbol{H}\boldsymbol{x}\|_2^2+\lambda GTV(\boldsymbol{x}) \tag{2.10}$$

2.3 基于优化-最小算法的 GTV 图像超分辨率重建方法

如式 (2.9) 所示，由于广义总变分 (GTV) 正则项是 TV 正则项的准确推广，因此 GTV 正则项也是以平方根形式存在，要对其求导非常困难，从而使共轭梯度寻

优算法无法采纳；另外式 (2.10) 不是严格凸的，求解会产生不唯一的结果。近年来，在解决这一类优化难题方面出现了大量的研究和成果。而优化-最小 (MM) 算法运用类似 EM 的迭代思想[15,16]，化难为易，逐步逼近最优解，取得了较好的效果。下面先简要介绍一下 MM 算法的核心思想，然后基于 MM 算法对 GTV 正则化图像超分辨率重建的求解方法进行推导并给出算法步骤。

2.3.1 MM 算法

假设需要优化-最小的代价函数为 $L(\boldsymbol{x})$，并且 $L(\boldsymbol{x})$ 难以用通常的共轭梯度算法进行寻优。此时可以用一个易于采用共轭梯度寻优且与 $L(\boldsymbol{x})$ 相关的函数 $Q(\boldsymbol{x};\boldsymbol{x}')$ 来求解，形式如下[15]：

$$\hat{\boldsymbol{x}}^{(t+1)}=\arg\min_{\boldsymbol{x}} Q(\boldsymbol{x};\hat{\boldsymbol{x}}^{(t)}) \tag{2.11}$$

式中，$Q(\boldsymbol{x};\boldsymbol{x}')\geqslant L(\boldsymbol{x})$，当 $\boldsymbol{x}=\boldsymbol{x}'$ 时，等号成立。可以将 $Q(\boldsymbol{x};\boldsymbol{x}')$ 称为 $L(\boldsymbol{x})$ 的上界或优化函数，利用它使 $L(\boldsymbol{x})$ 按下式逐步减小，最终达到全局最小值。

$$L(\hat{\boldsymbol{x}}^{(t+1)})\leqslant Q(\hat{\boldsymbol{x}}^{(t+1)};\hat{\boldsymbol{x}}^{(t)})\leqslant Q(\hat{\boldsymbol{x}}^{(t)};\hat{\boldsymbol{x}}^{(t)})=L(\hat{\boldsymbol{x}}^{(t)}) \tag{2.12}$$

可以看出用 MM 算法求最小值的关键是找到一个合适的 $Q(\boldsymbol{x};\boldsymbol{x}')$，使 $Q(\boldsymbol{x};\boldsymbol{x}')$ 与 $L(\boldsymbol{x})$ 相比能够容易地寻优，即形式上是严格凸的。图 2.3 给出了 $Q(\boldsymbol{x};\boldsymbol{x}')$ 与 $L(\boldsymbol{x})$ 关系的直观表示。

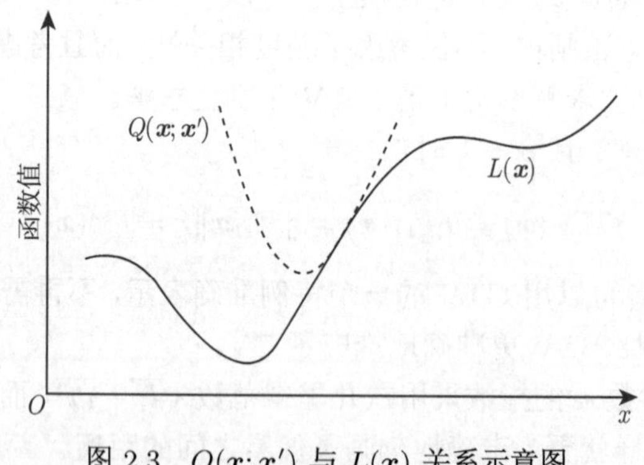

图 2.3 $Q(\boldsymbol{x};\boldsymbol{x}')$ 与 $L(\boldsymbol{x})$ 关系示意图

2.3.2 基于优化-最小算法的 GTV 图像超分辨率重建方法推导与求解步骤

GTV 正则化重建的求解困境在于正则项的开方形式，如果找到一个 GTV 正则项的严格凸的上界函数，那么问题就可由 MM 算法解决。

经过分析，可以得出开方表达式有如下特点：

$$\sqrt{s}\leqslant\sqrt{s'}+\frac{s-s'}{2\sqrt{s'}} \tag{2.13}$$

$s=s'$ 时，等式成立，右端是左端的上界函数。利用这个不等式，式 (2.8) 可写为

$$\begin{aligned} TV_{lm}(\boldsymbol{x}) \leqslant & \sum_i \left\{ \sqrt{\left(\Delta_i^{lh}\boldsymbol{x}^{(t)}\right)^2+\left(\Delta_i^{mv}\boldsymbol{x}^{(t)}\right)^2} \right. \\ & \left. + \frac{\left[\left(\Delta_i^{lh}\boldsymbol{x}\right)^2+\left(\Delta_i^{mv}\boldsymbol{x}\right)^2\right]-\left[\left(\Delta_i^{lh}\boldsymbol{x}^{(t)}\right)^2+\left(\Delta_i^{mv}\boldsymbol{x}^{(t)}\right)^2\right]}{2\sqrt{\left(\Delta_i^{lh}\boldsymbol{x}^{(t)}\right)^2+\left(\Delta_i^{mv}\boldsymbol{x}^{(t)}\right)^2}} \right\} \\ = & \frac{1}{2}\sum_i \frac{\left(\Delta_i^{lh}\boldsymbol{x}\right)^2+\left(\Delta_i^{mv}\boldsymbol{x}\right)^2}{\sqrt{\left(\Delta_i^{lh}\boldsymbol{x}^{(t)}\right)^2+\left(\Delta_i^{mv}\boldsymbol{x}^{(t)}\right)^2}}+K \\ = & \frac{1}{2}\sum_i \left(\left(D^{lh}\boldsymbol{x}\right)_i^2+\left(D^{mv}\boldsymbol{x}\right)_i^2\right) w_{lmi}^{(t)}+K \end{aligned} \tag{2.14}$$

式中，K 为与 $\boldsymbol{x}$ 不相关的常数；$D^{lh}\boldsymbol{x}$ 和 $D^{mv}\boldsymbol{x}$ 分别表示水平和垂直方向上的 l 阶和 m 阶差分。

$$w_{lmi}^{(t)}=\frac{1}{\sqrt{\left(\Delta_i^{lh}\boldsymbol{x}^{(t)}\right)^2+\left(\Delta_i^{mv}\boldsymbol{x}^{(t)}\right)^2}} \tag{2.15}$$

由此可以得到式 (2.10) 的上界函数，写成下式：

$$Q(\boldsymbol{x};\boldsymbol{x}^{(t)})=\|\boldsymbol{y}-\boldsymbol{H}\boldsymbol{x}\|_2^2+\frac{1}{2}\lambda\sum_{l=1}^{p}\sum_{m=1}^{p}\alpha^{\sqrt{l^2+m^2}}\sum_i\left[\left(D^{lh}\boldsymbol{x}\right)_i^2+\left(D^{mv}\boldsymbol{x}\right)_i^2\right]w_{lmi}^{(t)}+\lambda K \tag{2.16}$$

式中，$Q(\boldsymbol{x};\boldsymbol{x}^{(t)})$ 是关于 $\boldsymbol{x}$ 的二次函数，显然是严格凸的，因此比较容易全局优化最小。用式 (2.11) 不断交叉迭代，就可以得到噪声抑制性能良好且保持非连续点的原始估计图像 $\boldsymbol{x}$。

下面给出了利用 MM 算法对基于 GTV 正则化图像重建优化求解的具体步骤：

(1) 设定 MM 算法迭代收敛准则，共轭梯度算法迭代收敛准则，以及正则化参数 λ；

(2) 采用维纳滤波器对降质图像进行解卷积作为图像的初始估计 $\boldsymbol{x}^{(0)}$，$t=0$；

(3) 由 $\boldsymbol{x}^{(t)}$ 按式 (2.15) 计算 $w_{lmi}^{(t)}$；

(4) 根据式 (2.16) 计算出代价函数的上界函数 $Q(\boldsymbol{x};\boldsymbol{x}^{(t)})$；

(5) 用共轭梯度算法对 $Q(\boldsymbol{x};\boldsymbol{x}^{(t)})$ 迭代寻优，得到原始图像的估计 $\boldsymbol{x}^{(t+1)}$；

(6) 如果满足 MM 迭代收敛准则，则停止迭代；否则，$t=t+1$，返回到 (3) 循环。

2.4 实验结果与分析

给出以下三组实验来表明本书所提方法的有效性。在实验中，将采用直观图像和改善信噪比 (ISNR) 两个角度来评价图像重建方法的性能，改善信噪比定义如下：

$$\mathrm{ISNR} = 10\log_{10}\left(\|\boldsymbol{y}-\boldsymbol{x}\|_2^2 \Big/ \|\hat{\boldsymbol{x}}-\boldsymbol{x}\|_2^2\right) \tag{2.17}$$

式中，$\boldsymbol{x}$ 为原始图像；$\boldsymbol{y}$ 为退化图像；$\hat{\boldsymbol{x}}$ 为重建图像。

2.4.1 遥感图像超分辨率重建实验

该实验中，首先将一幅清晰遥感图像模拟变为模糊并被噪声污染的退化图像，模糊核函数设置为 $\boldsymbol{h} = [1 \quad 4 \quad 6 \quad 4 \quad 1]^{\mathrm{T}}[1 \quad 4 \quad 6 \quad 4 \quad 1]/256$，噪声是标准差为 7 的高斯白噪声。接着，分别采用 TV 正则化和 $p=3$ 的 GTV 正则化对模拟的退化图像进行重建，迭代过程运用的都是 MM 算法，正则化参数使用了文献 [15] 中的自适应形式。TV 正则化重建中 $\lambda = 2.5\times10^6\big/\big(TV(\boldsymbol{x}^{(t)})+1\big)$，GTV 正则化重建中 $\lambda = 2.5\times10^6\big/\big(GTV(\boldsymbol{x}^{(t)})+1\big)$。图 2.4 和表 2.2 分别给出了重建图像直观结果和评价指标。实验终止时 TV 正则化重建共迭代 24 次，GTV 正则化重建共迭代 26 次，为了便于比较，表格中数据分别取第 5 至第 24 次的迭代结果。

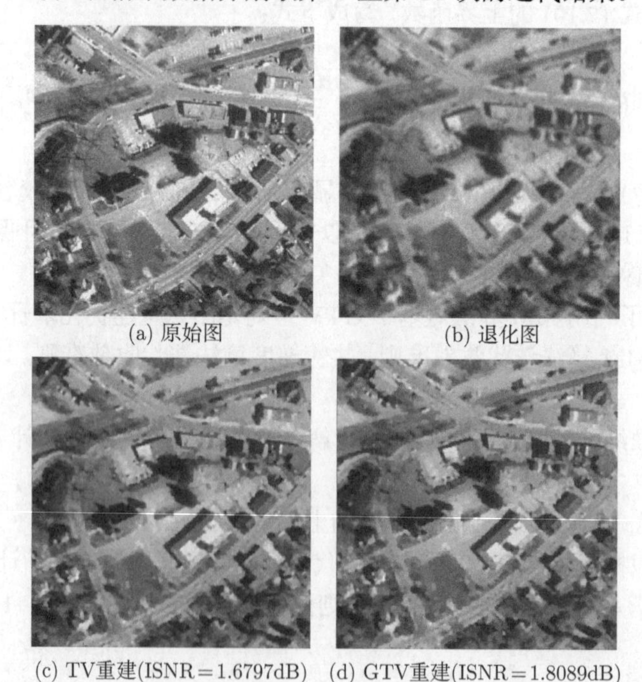

(a) 原始图 (b) 退化图

(c) TV重建(ISNR = 1.6797dB) (d) GTV重建(ISNR = 1.8089dB)

图 2.4 标准差为 7 的高斯白噪声污染下的超分辨率重建结果

表 2.2 高斯白噪声 (标准差为 7) 污染下重建结果的 ISNR 值 (单位: dB)

迭代次数	TV 正则化迭代结果的 ISNR 值				GTV 正则化迭代结果的 ISNR 值			
5~8	−4.0243	−3.9205	−0.6029	0.5069	−3.9241	−3.8063	−0.3267	0.7295
9~12	0.9864	1.1676	1.2451	1.5080	1.1150	1.2772	1.3506	1.6702
13~16	1.5893	1.6512	1.6737	1.6717	1.7593	1.7892	1.8026	1.8071
17~20	1.6793	1.6793	1.6793	1.6797	1.8035	1.8088	1.8088	1.8088
21~24	1.6797	1.6797	1.6797	1.6797	1.8088	1.8089	1.8089	1.8089

为了表明本书所提方法对不同级别噪声污染图像的超分辨率重建效果，我们用同一遥感图像模拟了噪声标准差为 3 的退化图像，TV 正则化重建中 $\lambda = 4.7 \times 10^5/\big(TV(\boldsymbol{x}^{(t)}) + 1\big)$，GTV 正则化重建中 $\lambda = 4.7 \times 10^5/\big(GTV(\boldsymbol{x}^{(t)}) + 1\big)$，对其重做以上实验。图 2.5 和表 2.3 分别给出了实验结果，TV 正则化重建共迭代 24 次，GTV 正则化重建共迭代 26 次，表格中数据同样按照前一实验的原则选取。

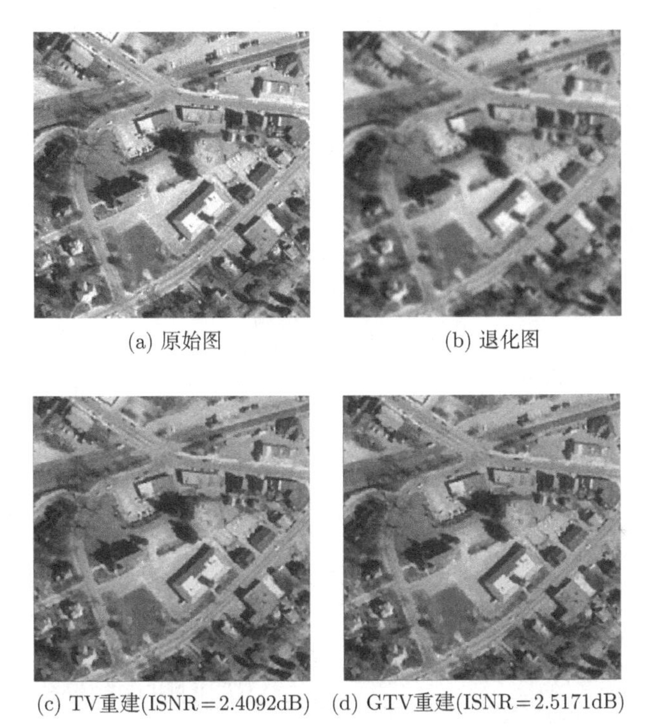

(a) 原始图 (b) 退化图

(c) TV重建(ISNR = 2.4092dB) (d) GTV重建(ISNR = 2.5171dB)

图 2.5 标准差为 3 的高斯白噪声污染下的超分辨率重建结果

表 2.3 高斯白噪声 (标准差为 3) 污染下重建结果的 ISNR 值 (单位: dB)

迭代次数	TV 正则化迭代结果的 ISNR 值				GTV 正则化迭代结果的 ISNR 值			
5~8	−3.5285	−3.4047	−0.6743	0.9604	−3.6851	−3.5471	−0.0051	1.1115
9~12	1.5055	1.7178	1.7451	2.1535	1.5333	1.7111	1.7964	2.1865
13~16	2.3085	2.3563	2.3748	2.3748	2.3417	2.4040	2.4329	2.4463
17~20	2.4092	2.4092	2.4092	2.4092	2.4605	2.4609	2.4984	2.4985
21~24	2.4092	2.4092	2.4092	2.4092	2.4985	2.5170	2.5171	2.5171

另外，根据表格中的评价数据，我们还绘制了 ISNR 曲线，如图 2.6 所示。曲线图直观地表明两种正则化方法都是向着最优的方向迭代。而且对于不同的噪声，GTV 正则化超分辨率重建的改善程度都要优于 TV 正则化超分辨率重建。

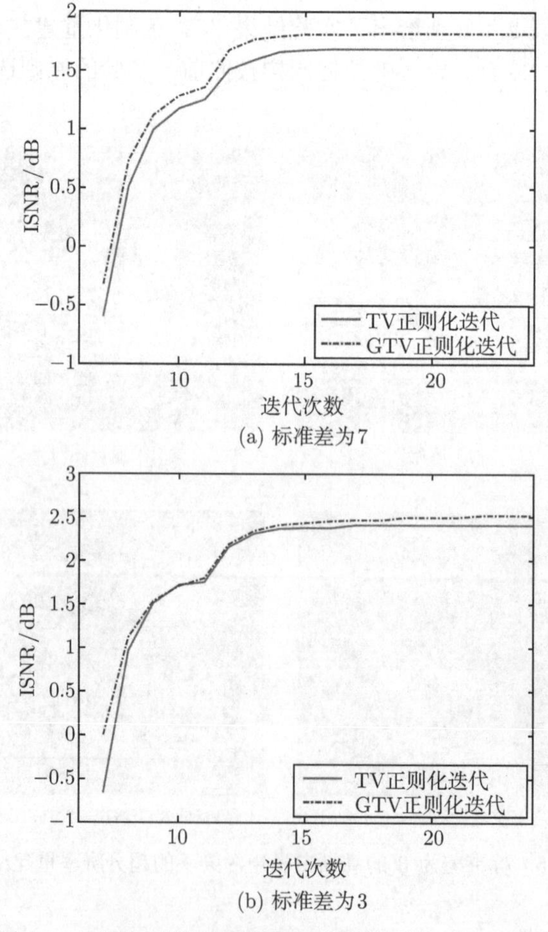

(a) 标准差为7

(b) 标准差为3

图 2.6 不同标准差的高斯白噪声污染下的 ISNR 曲线

2.4.2 标准测试图像 Lena 的超分辨率重建

采用标准测试图 Lena，对维纳重建、基于 CG 的 Tikhonov 重建、基于 CG 的 BTV 重建、基于 MM 的 TV 重建以及基于 MM 的 GTV 重建方法进行比较，以验证所提方法的有效性。这里，BTV 正则化重建和 GTV 正则化重建的变分阶数 $p=3$。在实验中，我们首先将原始图像模拟变为模糊并被噪声污染的退化图像，模糊核函数设置为 $\boldsymbol{h}=[1\quad 4\quad 6\quad 4\quad 1]^{\mathrm{T}}[1\quad 4\quad 6\quad 4\quad 1]/256$，噪声是标准差为 7 的高斯白噪声。维纳重建中，我们选取噪信功率比参数为 0.07，以达到最好的重建效果。对于 Tikhonov 正则化重建，迭代求解直接运用了共轭梯度 (conjugate gradient，CG) 算法，正则化参数 $\lambda=0.1$ 时达到最优，正则项中使用了式 (2.18) 所示的拉普拉斯算子。

$$\Gamma=\frac{1}{8}\begin{bmatrix}1 & 1 & 1\\ 1 & -8 & 1\\ 1 & 1 & 1\end{bmatrix} \tag{2.18}$$

在基于 CG 的 BTV 重建中，$\alpha=0.4$，$\lambda=11$ 时得到最优解。TV 和 GTV 正则化重建中，采用 MM 算法迭代优化求解，对于 TV 正则化重建，$\alpha=0.4$，$\lambda=2.5\times 10^6\big/\big(TV(\boldsymbol{x}^{(t)})+1\big)$ 时得到最优解，对于 GTV 正则化重建，$\alpha=0.4$，$\lambda=2.5\times 10^6\big/\big(GTV(\boldsymbol{x}^{(t)})+1\big)$ 时得到最优解。图 2.7 给出了不同方法对 Lena 图像的超分辨率重建结果。

(a) 原始图　(b) 退化图

(c) 维纳重建结果　(d) 基于CG的Tikhonov重建结果

(e) 基于CG的BTV重建结果 (f) 基于MM的TV重建结果

(g) 基于MM的GTV重建结果

图 2.7 不同方法对 Lena 图像超分辨率重建结果

2.4.3 标准测试图像 Cameraman 的超分辨率重建

为了表明本书方法对不同图像的鲁棒性，我们又选用了标准测试图 Cameraman 重做以上操作。维纳重建中，噪信功率比参数为 0.08。Tikhonov 正则化重建中，正则化参数 $\lambda = 0.07$ 时达到最优。在基于 CG 的 BTV 重建中，$\alpha = 0.4$，$\lambda = 11$ 时得到最优解。TV 和 GTV 正则化重建中，同样采用 MM 算法迭代优化求解，$\alpha = 0.4$，正则化参数分别为 $\lambda = 2.5\times10^6/\big(TV(\boldsymbol{x}^{(t)})+1\big)$ 和 $\lambda = 2.5\times10^6/\big(GTV(\boldsymbol{x}^{(t)})+1\big)$。图 2.8 给出了不同方法对 Cameraman 图像的超分辨率重建结果。

(a) 原始图

(b) 退化图

(c) 维纳重建结果

(d) 基于CG的Tikhonov重建结果

(e) 基于CG的BTV重建结果

(f) 基于MM的TV重建结果

(g) 基于MM的GTV重建结果

图 2.8 不同方法对 Cameraman 图像超分辨率重建结果

为了表明本书方法对基于图像的水利量测领域的适用性，我们又选用了水尺图重做以上实验。这里，为了验证算法对不同模糊核函数和噪声的鲁棒性，模拟退化中将模糊核函数设置为 $\boldsymbol{h} = [1 \quad 4 \quad 6 \quad 8 \quad 6 \quad 4 \quad 1]^{\mathrm{T}}[1 \quad 4 \quad 6 \quad 8 \quad 6 \quad 4 \quad 1]/900$，噪声是标准差为 3 的高斯白噪声。维纳重建中，噪信功率比参数为 0.09。Tikhonov 正则化重建中，正则化参数 $\lambda = 0.08$ 时达到最优。在基于 CG 的 BTV 重建中，$\alpha = 0.7$，$\lambda = 13$ 时得到最优解。TV 和 GTV 正则化重建中，同样采用 MM 算法迭代优化求解，$\alpha = 0.7$，正则化参数分别为 $\lambda = 2.3 \times 10^6/\big(TV(\boldsymbol{x}^{(t)}) + 1\big)$ 和 $\lambda = 2.4 \times 10^6/\big(GTV(\boldsymbol{x}^{(t)}) + 1\big)$。图 2.9 给出了不同方法对水尺图像的超分辨率重建结果。

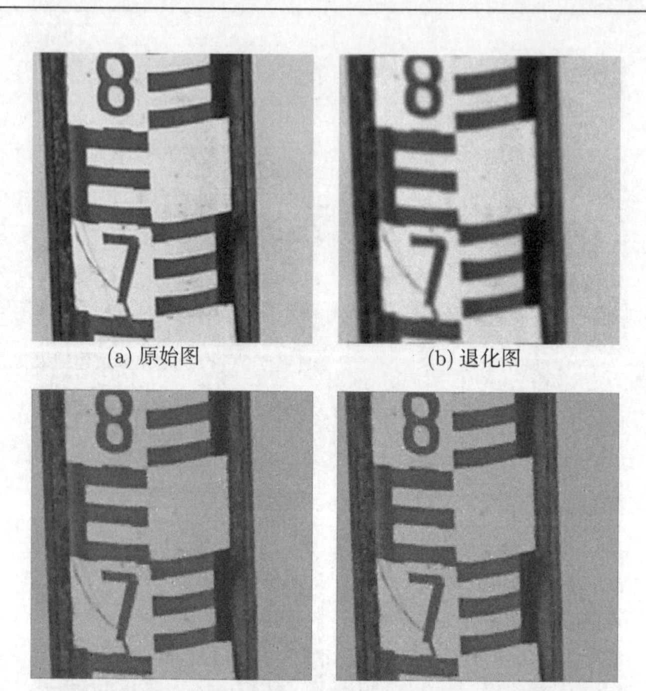

(a) 原始图　　(b) 退化图

(c) 维纳重建结果　　(d) 基于CG的Tikhonov重建结果

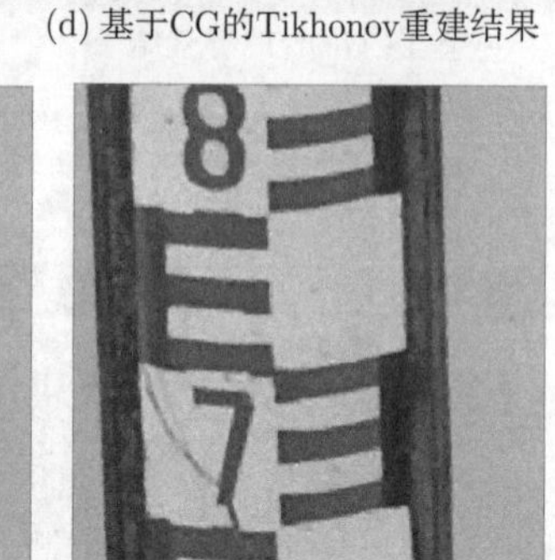

(e) 基于CG的BTV重建结果　　(f) 基于MM的TV重建结果

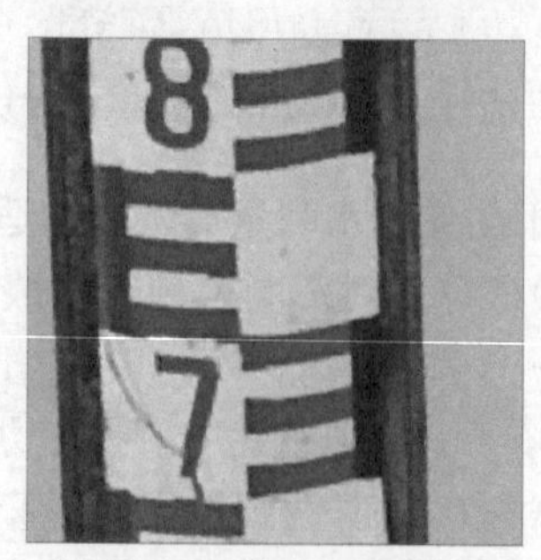

(g) 基于MM的GTV重建结果

图 2.9　不同方法对水尺图像超分辨率重建结果

除了图 2.7、图 2.8 和图 2.9 给出的直观结果，我们还将以上两组实验 ISNR 性能指标列于表 2.4 当中。可以看出带有正则化的重建要好于维纳重建，而基于 MM 算法的 GTV 正则化重建好于所有其他正则化重建。

表 2.4 不同方法超分辨率重建结果的 ISNR 值 (单位: dB)

图像	维纳重建结果	基于 CG 的 Tikhonov 重建结果	基于 CG 的 BTV 重建结果	基于 MM 的 TV 重建结果	基于 MM 的 GTV 重建结果
Lena	0.9735	1.04535	2.14619	2.78383	2.91295
Cameraman	0.831055	0.93702	2.12234	2.68021	2.87392
水尺	0.90466	0.99237	2.24865	2.72614	2.92456

由上述 5 组实验，可以看出对于不同噪声指标退化的图像，GTV 正则化重建在视觉效果和改善信噪比方面均优于 TV 正则化重建，而且几乎每次迭代 GTV 正则化重建都体现出了它的优势。另外，在与维纳重建和其他正则化重建方法相比的实验中，基于 MM 算法的 GTV 正则化重建显示了它的优越性，这主要是由于 GTV 正则化严格继承了 TV 正则化的方法，且在优化中使用了 MM 算法准确求得了最优解。因此，本书提出的用 MM 算法优化的 GTV 正则化图像超分辨率重建方法是合理而有效的。

参考文献

[1] Vogel C R. Computational methods for inverse problems. Philadelphia, USA: SIAM, 2002: 2-11.

[2] Li S Z. Markov Random Field Modeling in Computer Vision. Berlin: Springer, 1995: 35-40.

[3] 邵文泽, 韦志辉. 基于各向异性 MRF 建模的多帧图像变分超分辨率重建. 电子学报, 2009, 36(6): 1256-1263.

[4] Figueiredo M, Nowak R. An EM algorithm for wavelet-based image restoration. IEEE Transactions on Image Processing, 2003, 12 (8): 906-916.

[5] Bioucas-Dias J M. Bayesian wavelet-based image deconvolution: a GEM algorithm exploiting a class of heavy-tailed priors. IEEE Transactions on Image Processing, 2006, 15 (4): 937-951.

[6] Farsiu S, Robinson M D, Elad M. Fast and Robust Multiframe Super Resolution. IEEE Transactions on Image Processing, 2004, 13(10): 1327-1344.

[7] Lei J, Liu S, Li Z H. An image reconstruction algorithm based on the extended Tikhonov regularization method for electrical capacitance tomography. Measurement, 2009, 42(3): 368-376.

[8] Rudin L, Osher S, Fatemi E. Nonlinear total variation based noise removal algorithms.

Physica D: Nonlinear Phenomena, 1992, 60(1-4): 259-268.

[9] El H A, Menard M, Lugiez M. Weighted and extended total variation for image restoration and decomposition. Pattern Recognition, 2010, 43(4): 1564-1576.

[10] Vogel C, Oman M. Fast, robust total variation-based reconstruction of noisy, blurred images. IEEE Transactions on Image Processing, 1998, 7(6): 813-824.

[11] Bioucas-Dias J, Figueiredo M, Oliveira J P. Total variation-based image deconvolution: a majorization-minimization approach. Proceedings of the IEEE International Conference on Acoustics, Speech and Signal Processing, vol. II. Piscataway, NJ, USA: IEEE, 2006: 861-864.

[12] Tomasi C, Manduchi R. Bilateral filtering for gray and color images. In Proc. IEEE Int. Conf. Computer Vision, New Delhi, India, 1998: 836-846.

[13] Takeda H, Farsiu S, Milanfar P. Deblurring using regularized locally-adaptive kernel regression. IEEE Transactions on Image Processing, 2008, 17(4): 550-563.

[14] Tian J, Ma K K. Stochastic super-resolution image reconstruction. Journal of Visual Communication and Image Representation, 2010, 21(3): 232-244.

[15] Oliveira J P, Bioucas-Dias J M, Figueiredo M A T. Adaptive total variation image deblurring: A majorization-minimization approach. Signal Processing, 2009, 89: 1683-1693.

[16] Borman S. Topics in Multiframe Superresolution Restoration. Notre Dame: University of Notre Dame, 2004.

[17] Rodriguez P, Wohlberg B. Efficient Minimization Method for a Generalized Total Variation Functional. IEEE Transactions on Image Processing, 2008, 18(2): 322-332.

[18] Kumar S, Nguyen T Q. Total Subset Variation Prior. Proceedings of the IEEE International Conference on Image Processing. Piscataway, NJ, USA: IEEE, 2010: 77-80.

第3章　基于混合确定度和双适应度归一化卷积的超分辨率重建

噪声和异常值是超分辨率重建过程中所面临的最常见问题，如何有效地抑制噪声尤其是异常值，对于超分辨率重建的结果至关重要。在通常的图像处理技术中，这类退化的去除通常采用局域像素融合或低通滤波的方式。本章将讨论焦点集中到基于融合-复原法超分辨率重建的这一研究主线。此方法的操作流程分为三步：配准、融合 (插值) 和复原。其中，第二步将低分辨率图像融合到高分辨率网格，一般会出现图像像素点分布不均匀的情况。而在数字图像处理中，连续信号通常是在一个均匀网格上实现数字化，以简化了硬件设计和软件分析。因此，如果一幅图像像素点分布不均匀，通常会被重采样到一个均匀网格上，重采样的同时也完成了针对图像的噪声和异常值的抑制任务。为实现基于融合-复原法的图像超分辨率重建，许多新颖的重采样也即融合算法被提出。

解决不规则采样数据融合的一种普遍方法，就是曲面插值。例如，Lertrattanapanich 和 Bose[1] 提出一种基于三角网的方法，首先计算一个数据点的 Delaunay 三角网，也即将不规则采样的像素组成一种 Delaunay 三角形式；然后在每小片局部对非均匀数据插入数据，对每个三角进行插值得到像素均匀分布的图像。三角网法旨在设计一种精确的曲面插入器，然而这种插值对于类似异常值之类的噪声非常敏感，并不能用来处理噪声数据。同时，通过三角网实现 SR 的计算效率也很低，这是因为参与其中的 LR 采样点数量庞大。其他曲面插值方法，如 Nguyen 和 Milanfar[2] 提出了一种有效的基于小波的插值，利用低分辨率图像中的交叉采样结构从非均匀采样数据中重建超分辨率图像，然而这种方法仅针对提高计算效率；另外还有反距离加权法和径向基函数法[3]，虽然计算开销上不那么耗费，但对于噪声却都是非常敏感。

事实上，在噪声和异常值存在的情况下进行超分辨率重建第二步的融合时，曲面拟合通常是优于曲面插值的。早在 1981 年，Haralick 等[4] 提出在图像中的一个小邻域内，使用一种所谓 Facet 模型的多项式近似来进行曲面拟合。然而，Haralick 的 Facet 模型对于大邻域并不能很好地局域化，因为在此模型中所有数据点有着相等的重要性。Farneback[5] 对其进行了改进修正，通过引入高斯适应度到算子中，更加强化了中心像素的作用，提出和扩展了 Facet 模型用于曲面拟合，但是解决的仅是均匀数据而不能自适应于图像结构。Weijer 和 Boomgaard[6] 进一步扩展了 Facet 模型，在图像不连续处的附近，用一个鲁棒的误差范数来处理一个混合模型。然而在这些 Facet 模型中，都仅针对规则分布的像素，没有一个是专门为不规则采样数据而设计的，这就需要一种诸如 Delaunay 三角网[1] 的采样点定位机制来解决。这些方法还有一个缺点就是，不能适用于复杂的图像结构。然而自然图像通常包含定向结构，且与这些结构密切相关的图像导数可以用来提高估计的精度。

Pham 注意到以上融合方法的缺陷，基于归一化卷积 (normalized convolution，NC)[7]，将一种鲁棒的高斯确定度和结构自适应的适应度函数引入多项式 Facet 模型，并将它应用于不规则采样数据的融合中[8]。该方法所基于的归一化卷积，通过由一组基函数张成的子空间上的投影来近似局部信号。然而，不像传统的框架，算子的适应度函数对局部的线性结构具有自适应性。这将导致相同形态的更多采样点被采集在一起来分析，进而提高信噪比 (signal-to-noise ratio，SNR) 和减少跨越在不连续处的弥散效应。鲁棒的信号确定度被加入来减少由死像素或偶尔的配准失调造成的异常值影响。

然而，Pham 的归一化卷积仅考虑了像素间的两种关系：①兴趣像素与中心像素之间的空间距离；②观测像素与其初估像素的残差。从而忽略了邻域像素之间强度的相关性。另外，高斯确定度函数还可以进一步修正以抑制更多的噪声尤其是异常值。

针对 Pham 归一化卷积所存在的问题，本章提出一种新的归一化卷积方案用于超分辨率重建，引入邻域强度相关适应度函数，并且对归一化卷积方案中的确定度函数进行了改进。新的归一化卷积方案，借鉴了双边滤波思想，不仅考虑了邻域像素的空间距离，还将邻域像素的强度差异纳入归一化卷积方案中。此外，本章还分析了拉普拉斯函数和高斯函数的特性，并将其混合对确定度函数进行建模，从而抑制更多的噪声和异常值。

3.1 基于多项式基的归一化卷积与双边滤波器

本节将介绍基于多项式基的归一化卷积框架，描述其求解实现过程。在此基础上，又结合双边滤波思想进行了分析对比，为之后的双适应度归一化卷积的提出奠定了理论基础。

3.1.1 利用多项式基的归一化卷积框架

归一化卷积是一种由在一组基函数上的投影对局部信号进行建模的技术[7]。尽管可以使用任何基函数，但是最常用的是一种多项式的基函数：$\{\mathbf{1}, \boldsymbol{x}, \boldsymbol{y}, \boldsymbol{x}^2, \boldsymbol{y}^2, \boldsymbol{xy}, \cdots\}$，其中 $\mathbf{1} = [1\ 1\ \cdots\ 1]^{\mathrm{T}}$($N$ 个输入采样点)，$\boldsymbol{x} = [x_1\ x_2\ \cdots\ x_N]^{\mathrm{T}}$，$\boldsymbol{x}^2 =$

$[x_1^2\ x_2^2\ \dots\ x_N^2]^{\mathrm{T}}$ 等是由局部坐标 $\{x_i, y_i\}$ 所构造的。多项式基函数的使用使得传统的归一化卷积相当于一个局部的泰勒级数展开。在一个以 $\boldsymbol{s}_0 = \{x_0, y_0\}$ 为中心的局部邻域内，位置 $\boldsymbol{s} = \{x + x_0, y + y_0\}$ 处的强度值近似为

$$\hat{f}(\boldsymbol{s}, \boldsymbol{s}_0) = \boldsymbol{p}(x, y) = p_0(s_0) + p_1(s_0)x + p_2(s_0)y + p_3(s_0)x^2 + p_4(s_0)xy + p_5(s_0)y^2 + \cdots \quad (3.1)$$

式中，$\boldsymbol{p} = [p_0\ p_1\ \dots\ p_m]^{\mathrm{T}}$ 为相应多项式基函数上的投影系数，即 $p_i(s_0)$ 为在点 s_0 处对应基函数不同阶的偏导数。

虽然 Haralick 的 Facet 模型[4] 也是一个多项式展开，但不同的是，归一化卷积采用了一种所谓适应度函数来局部化多项式拟合 (Facet 模型在局部邻域中，应用到每一个采样点近似误差的权值是相等的)。这个适应度函数通常是各向同性的径向衰减函数，其大小与分析尺度成比例。为了达到这个效果，最常见的选择是高斯函数。投影 p_i 可以用来计算高斯导数，它是 Hermite 多项式上的图像投影[9]。此外，归一化卷积框架还为每个输入采样点分配了一个确定度值。当数据样本丢失或不可靠时 (如由于缺陷传感器或错误配准)，这种信号确定度的引入是必要的。无论是适应度函数还是信号确定度，在局部多项式拟合中都可控制着特殊采样点对结果的影响。

归一化多项式阶数的选择取决于特定的应用。如果处理速度比准确性更重要，使用带有常量基函数的归一化卷积就足够了。但是，这种局部平坦模型不能很好地表示边缘和隆脊。带有三个基函数 $\{\boldsymbol{1}, \boldsymbol{x}, \boldsymbol{y}\}$ 的一阶归一化卷积可以对边缘建模，带有六个基函数 $\{\boldsymbol{1}, \boldsymbol{x}, \boldsymbol{y}, \boldsymbol{x}^2, \boldsymbol{y}^2, \boldsymbol{xy}\}$ 的二阶归一化卷积可以进一步对隆脊和斑点建模。更高阶归一化卷积可以更高的计算成本换取拟合更复杂的结构。然而，阶数大于 2 的归一化卷积很少使用，这主要是由于高阶基函数经常拟合噪声而不是信号本身。在这一章中，我们将零阶归一化卷积用于稀疏采样信号的融合，将一阶归一化卷积用于密集采样信号的超分辨率融合。

适应度函数的尺度在归一化卷积融合质量上，起到一定的决定性作用。带有大尺度适应度的低阶归一化卷积不能重建图像中小的细节。但是，适应度函数的尺度还必须大到足以覆盖充分的样本用于稳定的局部分析。除非样品都密集分布 (例如由许多低分辨率帧的合成进行超分辨率的情况)，否则典型的适应度函数就是一个高斯函数，其尺度 $\sigma = 1\mathrm{HR}$ 像素，空间截断为 3σ。当高斯适应度函数的支撑区域足够大以收集充分的采样点时，会使融合结果产生一些模糊 (相当于一个 $\sigma = 1$ 的高斯滤波引起的模糊)。

3.1.2 加权最小二乘解

为了求解位于每个输出位置 $\boldsymbol{s}_0$ 的多项式展开系数 $\boldsymbol{p} = [p_0, p_1, \cdots, p_m]^{\mathrm{T}}$，将会在一个局部邻域 S 上对逼近误差进行最小化。S 为以 $\boldsymbol{s}_0$ 为中心的适应度函数

$a(\boldsymbol{s}-\boldsymbol{s}_0)$ 的覆盖范围。逼近误差如式 (3.2) 所示：

$$\varepsilon(\boldsymbol{s}_0)=\int_{\boldsymbol{s}\in S}(f(\boldsymbol{s})-\hat{f}(\boldsymbol{s},\boldsymbol{s}_0))^2c(\boldsymbol{s})a(\boldsymbol{s}-\boldsymbol{s}_0)\mathrm{d}\boldsymbol{s} \tag{3.2}$$

式中，c 和 a 分别是信号确定度函数和适应度函数。信号的确定度函数 $0\leqslant c(s)\leqslant 1$ 确定了点 s 处观测值的可靠性，0 代表完全不可信数据，而 1 代表最为可靠的数据。适应度函数 $a(\boldsymbol{s}-\boldsymbol{s}_0)$ 是以原点为中心的窗函数，如前所述，通常为一个各向同性径向衰减函数，大小与分析尺度相当，可以用此将上述多项式拟合局部化。虽然作用于平方误差的 c 和 a 为标量权重，但它们却表示着不同的属性，都可以根据局部图像数据自适应地调整。

对于一个包含 N 个样本的邻域，式 (3.2) 的解可以写成矩阵形式[5]：

$$p=(\boldsymbol{B}^{\mathrm{T}}\boldsymbol{W}\boldsymbol{B})^{-1}\boldsymbol{B}^{\mathrm{T}}\boldsymbol{W}\boldsymbol{f} \tag{3.3}$$

式中，$\boldsymbol{f}$ 为一个局部 $f(\boldsymbol{s})$ 的 $N\times 1$ 维矩阵；$\boldsymbol{B}=[b_1\ b_2\cdots b_m]$ 为由 m 个基函数 $b_i(i=1,\cdots,m)$ 所构造的 $N\times m$ 维矩阵，所有基函数都采样于 N 个输入样本的局部坐标；$\boldsymbol{W}=\mathrm{diag}(c)\cdot\mathrm{diag}(a)$ 为一个 $N\times N$ 维对角矩阵，由信号确定度 c 和采样适应度 a 的逐元素乘积构造而成。

在采样数据为规则分布的情况下，应用固定的确定度和固定适应度函数，就可以非常有效地通过一系列卷积运算实现归一化卷积。这是由于对于规则采样信号，邻域组织状态是相同的，基函数不需要在每一个位置的局部拟合中被重采样。例如，对零阶归一化卷积的解，即式 (3.3)，就可以减少到两个卷积运算:

$$\hat{f}_0=\frac{a\otimes(c\cdot f)}{a\otimes c} \tag{3.4}$$

式中，$\hat{f}_0$ 为插值图像；$\otimes$ 为卷积算子；$c\cdot f$ 表示确定度图像与亮度图像的逐像素乘积。一个完整的一阶归一化卷积需要九个卷积，并产生三个输出图像：一幅插值图像 $\hat{f}_1$ 和两个在 x 和 y 方向的方向导数 $\hat{f}_x$，$\hat{f}_y$:

$$\begin{bmatrix}\hat{f}_1\\ \hat{f}_x\\ \hat{f}_y\end{bmatrix}=\left[\begin{bmatrix}a & a\cdot x & a\cdot y\\ a\cdot x & a\cdot x^2 & a\cdot xy\\ a\cdot y & a\cdot xy & a\cdot y^2\end{bmatrix}\otimes c\right]^{-1}\times\left[\begin{bmatrix}a\\ a\cdot x\\ a\cdot y\end{bmatrix}\otimes(c\cdot f)\right] \tag{3.5}$$

式中，$\boldsymbol{x}$、$\boldsymbol{y}$、$\boldsymbol{x}^2$、$\boldsymbol{xy}$、$\boldsymbol{y}^2$ 和 $\boldsymbol{a}$ 为二维基函数图像和适应度函数，如图 3.1 所示。使用高斯适应度函数，归一化卷积可以通过一种可分递归高斯滤波[10] 进一步地实现加速。式 (3.4) 中的分母和式 (3.5) 中的逆矩阵是归一化项，用来做空间变化信号确定度的校正，归一化卷积的名称也是因此而来。

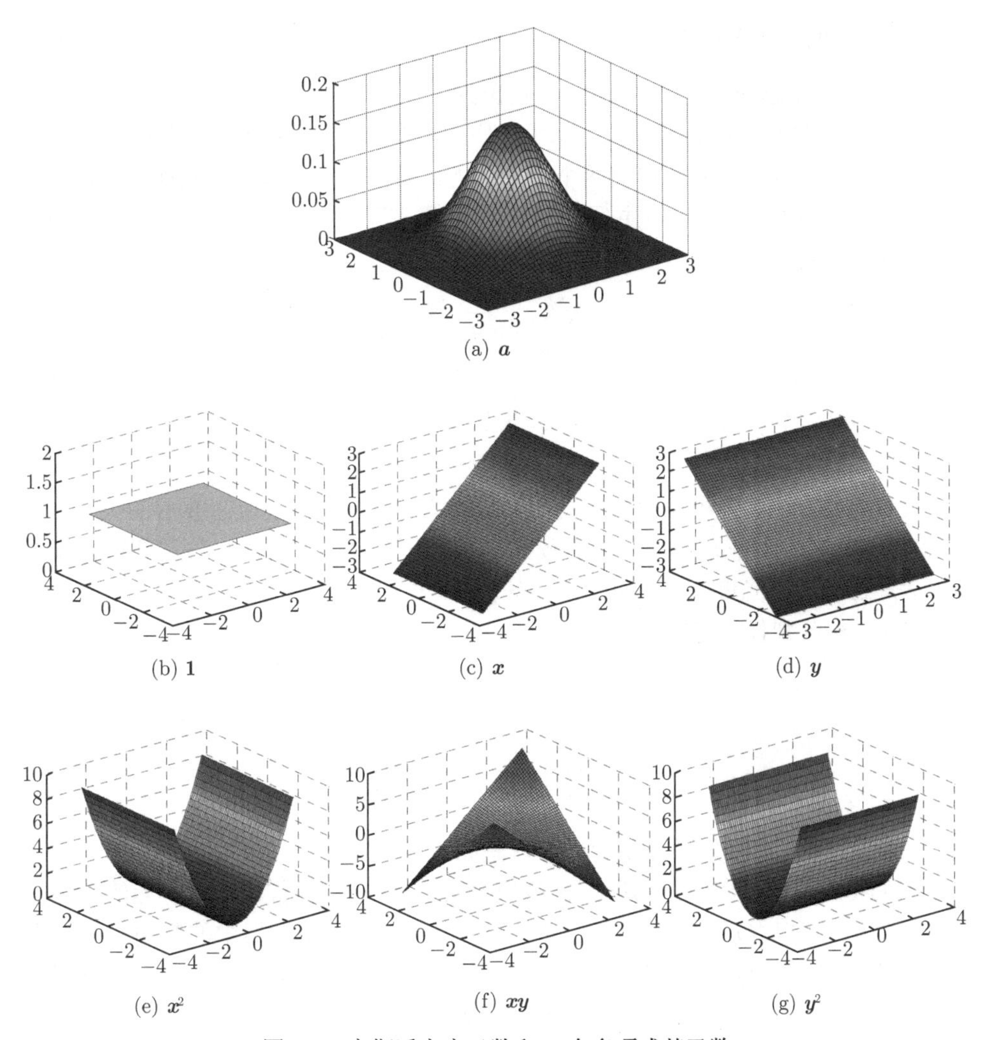

(a) $\boldsymbol{a}$

(b) $\mathbf{1}$　(c) $\boldsymbol{x}$　(d) $\boldsymbol{y}$

(e) $\boldsymbol{x}^2$　(f) $\boldsymbol{xy}$　(g) $\boldsymbol{y}^2$

图 3.1 高斯适应度函数和 6 个多项式基函数

然而，不规则采样信号的归一化卷积不能通过快速卷积实现，因为在每次局部拟合中，基函数和适应度函数都要在不规则位置被重采样。因此，需要不同的矩阵运算来产生每个输出样本。更重要的是，每次局部拟合中都必须收集分散样本。为此，可在每个网格位置使用一个索引列表来存储半像素范围内输入样本的索引。在处理进行中，如果旧样本舍弃且 (或) 新样本添加，网格结构的先入先出 (first in first out，FIFO) 列表[11] 能够允许动态融合。在输出位置一定半径内的输入样本也可以从周围网格点的索引列表收集到。这一点由于超出本书所论述范围，在此不再赘述。

3.1.3 双边滤波器及相关比对

双边滤波器思想首先是由 Tomasi 提出的[12]，作为一种非常有效的一步法 (one-pass) 滤波器可以在保持强边缘的同时实现去噪的目的。不像诸如高斯低通滤波器的传统滤波器，双边滤波器定义两个像素的近似程度不仅是基于几何距离，而且还基于光度距离。在一维情况 (主要为了简化说明) 下，对于一维估计信号 $\hat{\boldsymbol{X}}$ 中的第 k 个样本，应用双边滤波器的结果为

$$\hat{\boldsymbol{X}}(k)=\frac{\sum_{m=-M}^{M} W(k,m)\boldsymbol{Y}(k-m)}{\sum_{m=-M}^{M} W(k,m)} \tag{3.6}$$

式中，$\boldsymbol{Y}=\boldsymbol{X}+\boldsymbol{V}$ 为噪声图像或向量；$2\times M+1$ 为一维双边滤波器的大小。权值 $W(k,m)=W_s(k,m)W_p(k,m)$ 不仅考虑噪声向量 $\boldsymbol{Y}$ 中样本 k 与其邻近样本的空间差，还考虑了光度差，从而确定估计向量 $\hat{\boldsymbol{X}}$ 中样本 k 的值。空间和光度差权值被 Tomasi 分别任意定义为

$$W_s(k,m)=\exp\left\{-\frac{m^2}{2\sigma_S^2}\right\} \tag{3.7}$$

$$W_p(k,m)=\exp\left\{-\frac{[\boldsymbol{Y}(k)-\boldsymbol{Y}(k-m)]^2}{2\sigma_R^2}\right\} \tag{3.8}$$

式中，参数 σ_S^2 和 σ_R^2 分别控制着滤波器空间和光度特性。

我们将双边滤波器思想与归一化卷积框架中式 (3.2) 所描述逼近误差的加权机制进行对比。可以发现，逼近误差中的适应度函数与双边滤波器中的空间权值在本质上是相同的，它们都是依据像素之间的空间距离来决定加权值的大小。距离越远，所赋权值也就越小；反之，权值越大。因此双边滤波器中的空间权值 $W_s(k,m)$ 的形式完全可以用来表示适应度函数，本章将其写成如下形式：

$$a(\boldsymbol{s}-\boldsymbol{s}_0)=\exp\left\{-\frac{(\boldsymbol{s}-\boldsymbol{s}_0)^{\mathrm{T}}(\boldsymbol{s}-\boldsymbol{s}_0)}{2\sigma_S^2}\right\} \tag{3.9}$$

遗憾的是，在式 (3.2) 所描述逼近误差中找不到与双边滤波器中另一个光度差权值 $W_p(k,m)$ 相对应的加权系数。确定度函数虽然也是一种光度差权值，但本质上与 $W_p(k,m)$ 还是有所不同。为进一步分析对比，先把逼近误差中确定度函数的常用公式表示如下：

$$c(\boldsymbol{s},\boldsymbol{s}_0)=\exp\left\{-\frac{\left|f(\boldsymbol{s})-\hat{f}(\boldsymbol{s},\boldsymbol{s}_0)\right|^2}{2\sigma_r^2}\right\} \tag{3.10}$$

式 (3.10) 看起来与式 (3.8) $W_p(k,m)$ 极为相似，但通过对比可以看出，两式中的光度差截然不同。双边滤波器中 $W_p(k,m)$ 表征的是邻域像素之间的光度差，而确定度函数表征的是像素自身输入值与估计值之间的光度差。

3.2 基于混合确定度和双适应度的归一化卷积

3.2.1 基于双适应度的归一化卷积框架

由上述讨论可知，在传统的归一化卷积中，有效像素的选取准则取决于两个因子。一个是确定度因子，其作用是：对观测值与估计值之间残差低的像素赋予高权值；相反，对残差高的像素赋予低权值。另一个是适应度因子，其作用是：按照像素的空间距离赋予相应的权值。注意到，适应度因子类似于 3.1.3 节所述双边滤波器的空间差权值，但是在归一化卷积中却没有相应的邻域像素光度差权值。归一化卷积没有考虑到不同像素之间的光度关系，因此传统归一化卷积可进一步改进优化，再增加一个适应度因子，称之为双适应度归一化卷积。

基于以上讨论，我们借鉴了双边滤波器思想，在传统归一化卷积框架中加入邻域像素光度差权值，由此定义了一种新的逼近误差公式：

$$\varepsilon(\boldsymbol{s}_0)=\int\left(f(\boldsymbol{s})-\hat{f}(\boldsymbol{s},\boldsymbol{s}_0)\right)^2 c(\boldsymbol{s})a(\boldsymbol{s}-\boldsymbol{s}_0)p(\boldsymbol{s},\boldsymbol{s}_0)\mathrm{d}\boldsymbol{s} \tag{3.11}$$

很显然，式 (3.2) 与式 (3.11) 之间的差别主要在于增加的另一个适应度因子 $p(\boldsymbol{s},\boldsymbol{s}_0)$。这里将其写为

$$p(\boldsymbol{s},\boldsymbol{s}_0)=\exp\left\{-\frac{[f(\boldsymbol{s}_0)-f(\boldsymbol{s})]^2}{2\sigma_R^2}\right\} \tag{3.12}$$

式中，参数 σ_R^2 控制着滤波器光度特性。

为了更直观地表示出上述所提的双适应度归一化卷积的加权机制，我们绘制了一幅像素加权示意图，如图 3.2 所示。从图 3.2 可以看出，相邻的三个像素分别进行了三次加权。为简单起见，这三种加权的分布函数都设为高斯形式，因此图中的所有加权曲线都画成了高斯曲线。

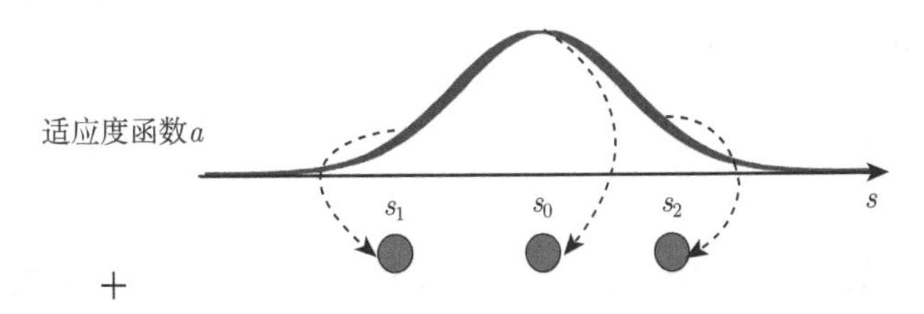

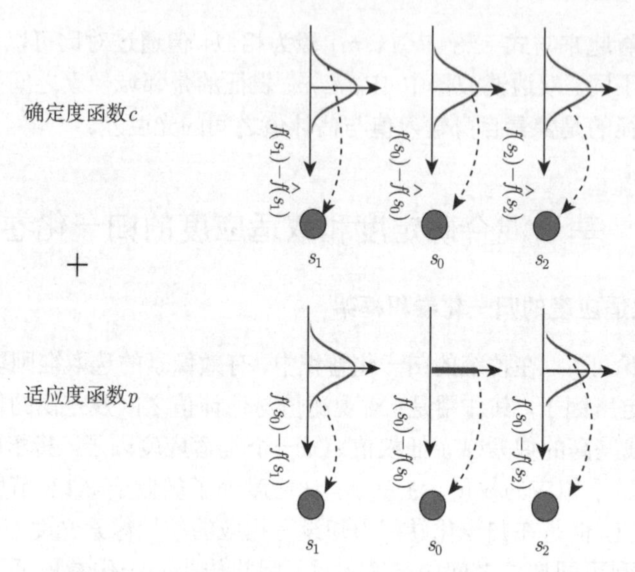

图 3.2　基于双适应度归一化卷积框架的加权机制

第一次加权为空间适应度加权 a，其横坐标表征像素的空间位置，加权值取决于兴趣像素与中心像素之间的距离，距离越远，权值越小。第二次加权为确定度加权 c，其横坐标表征像素输入亮度与其估计亮度的差值，坐标原点差值为 0，加权值取决于差值大小，差值越大，权值越小。原点的权值最大，是由于此时输入亮度与估计亮度差值为 0，两亮度没有任何差别，像素被高度信任，因此确定度也被赋予最高值。因为每个像素的确定度都有可能服从不同的分布，所以图中为每个像素分别绘制了确定度加权曲线，所赋权值也是示意性地任意选择的。第三次加权为强度适应度加权 p，其横坐标表征邻域像素输入亮度与中心像素输入亮度的差值，坐标原点差值为 0，加权值取决于差值大小，差值越大，权值越小，原点的权值仍然为最大。图中为每个像素分别绘制了适应度加权曲线，所赋权值仍然是示意性地任意选择的。值得注意的是，中心像素的加权曲线为一冲激函数。主要是因为此时曲线的横坐标表征的是中心像素输入亮度与其自身的差值，其大小当然始终保持为 0，所以在横坐标的其他位置没有权值的分布，表现在加权曲线也就是一个冲激函数，这种分布无疑是符合物理意义的。

随着对逼近误差公式的修改，对于在新框架下零阶归一化卷积和一阶归一化卷积的解可以相应地调整为

$$\hat{f}_0 = \frac{(a \cdot p) \otimes (c \cdot f)}{(a \cdot p) \otimes c} \tag{3.13}$$

式中，$\hat{f}_0$ 为插值图像；$\otimes$ 为卷积算子；$c \cdot f$ 表示确定度图像与亮度图像的逐像素乘

积；$a \cdot p$ 表示空间适应度与强度适应度的逐像素乘积。

$$\begin{bmatrix} \hat{f}_1 \\ \hat{f}_x \\ \hat{f}_y \end{bmatrix} = \left[\begin{bmatrix} a \cdot p & a \cdot p \cdot x & a \cdot p \cdot y \\ a \cdot p \cdot x & a \cdot p \cdot x^2 & a \cdot p \cdot xy \\ a \cdot p \cdot y & a \cdot p \cdot xy & a \cdot p \cdot y^2 \end{bmatrix} \otimes c \right]^{-1} \times \left[\begin{bmatrix} a \cdot p \\ a \cdot p \cdot x \\ a \cdot p \cdot y \end{bmatrix} \otimes (c \cdot f) \right] \tag{3.14}$$

式中，x、y、x^2、xy、y^2 和 a 为二维基函数图像和适应度函数。

3.2.2 混合确定度函数

正如 3.1.2 节所讨论的，确定度函数定义了点 s 处观测值的可靠度。确定度权值根据观测数据的置信度在 0 到 1 之间变动，通常以残差 $\left|f-\hat{f}\right|$ 来衡量观测数据的置信度。然而，问题在于数据的置信度如何衡量确定度权值，也就是说，如何计算确定度权值大小。Pham 用下式来计算确定度权值[8]：

$$c_g(s, s_0) = \exp\left\{ -\frac{\left|f(s) - \hat{f}(s, s_0)\right|^2}{2\sigma_r^2} \right\} \tag{3.15}$$

由式 (3.15) 可以看出，确定度被描述为残差的高斯函数，这样可以达到抑制高残差的目的。然而，在出现异常值的情况下，高斯函数对于低残差的抑制作用并不理想。因此，在低残差区间，也即对于低残差必须施加更高的强度来抑制噪声。因为在低残差区间拉普拉斯函数值比高斯函数值更小，所以拉普拉斯函数对于低残差的抑制作用应当是更为明显。由此，分别利用两种函数各自的优势来完成抑制噪声的任务应该是一种合理的路径。先将拉普拉斯确定度的公式列出如下：

$$c_l(s, s_0) = \exp\left\{ -\frac{\left|f(s) - \hat{f}(s, s_0)\right|}{\sigma_r} \right\} \tag{3.16}$$

式中，σ_r 与式 (3.15) 中的 σ_r 完全相同。将式 (3.15) 和式 (3.16) 按上述思想进行合并，就可以得到一个更有效的混合确定度函数，公式如下：

$$c(s, s_0) = \min(c_g(s, s_0), c_l(s, s_0)) \tag{3.17}$$

为了直观地比较上述各函数，图 3.3 显示了它们的曲线形式 (即 $c(s, s_0)$) 和相应的残差范数，也就是二次范数 $\left|f-\hat{f}\right|^2$ 与确定度函数的乘积 (即 $\left|f-\hat{f}\right|^2 c(s, s_0)$)。从图 3.3 可以看出，当残差小于 $2\sigma_r$(这里 $2\sigma_r = 1$) 时，高斯范数要大于拉普拉斯范数，不能抑制更多的异常值；相反，当残差大于 $2\sigma_r$ 时，拉普拉斯范数无法抑制更多的异常值。所提出的混合范数在残差小于 $2\sigma_r$ 时上升缓慢，而当残差大于 $2\sigma_r$ 时却快速下降，因此对于抑制异常值更加适合。

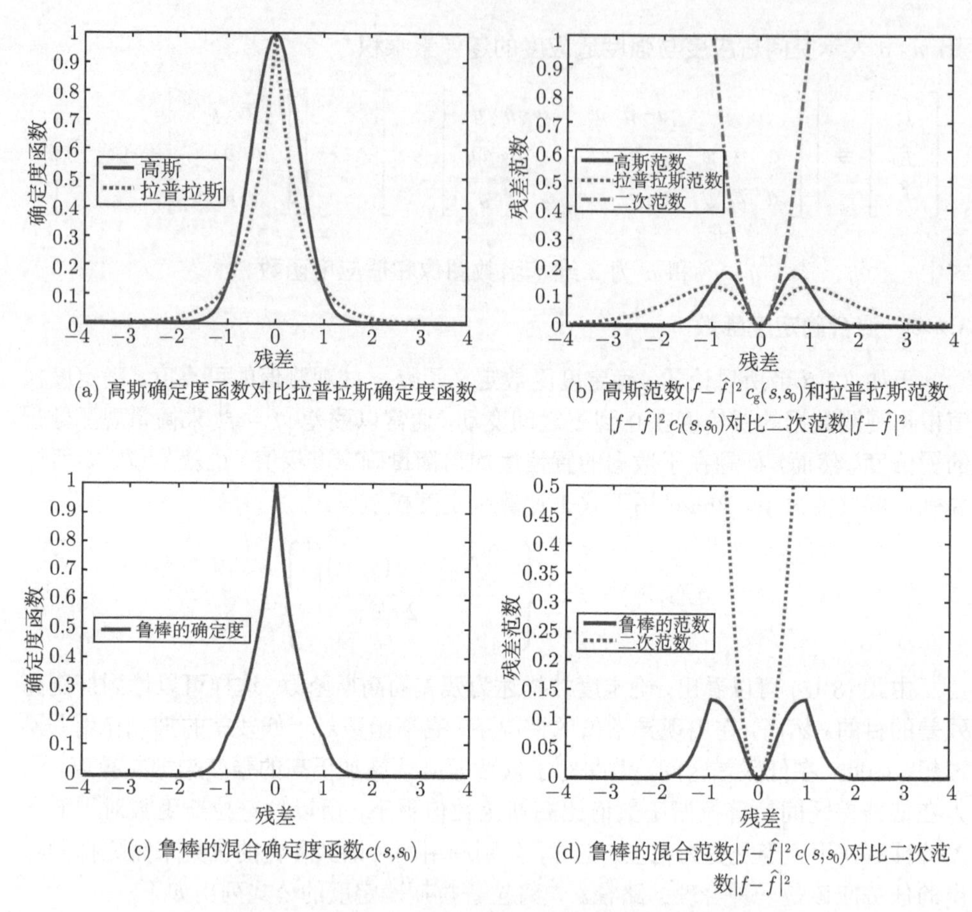

(a) 高斯确定度函数对比拉普拉斯确定度函数

(b) 高斯范数$|f-\hat{f}|^2 c_g(s,s_0)$和拉普拉斯范数$|f-\hat{f}|^2 c_l(s,s_0)$对比二次范数$|f-\hat{f}|^2$

(c) 鲁棒的混合确定度函数$c(s,s_0)$

(d) 鲁棒的混合范数$|f-\hat{f}|^2 c(s,s_0)$对比二次范数$|f-\hat{f}|^2$

图 3.3　不同的确定度和相应的残差范数曲线示意图

σ_r 为 0.5

3.3　基于改进归一化卷积的超分辨率重建

对于绪论及本章引言中所述的融合-复原法超分辨率重建技术，大量文献以不同角度和方法对其进行了广泛而深入的研究[13,14]，其中又可以细分为两种路径：一种是联合融合 (包含配准) 加去模糊处理法[15,16,17]；另外一类是三分步骤法，包括配准、融合和解卷积三个步骤[1,18,19]，简称三步法。当 LR 图像为平移运动且受到的退化为空间移不变模糊时，大多使用第二类方法。

3.3.1　三分步骤法

三步法流程如图 3.4(a) 所示。第一步配准主要是以一帧 LR 图像为共同参考帧对其他 LR 帧进行的亚像素精度配准，可以使用已知的配准参数，也可应用一些算法对配准参数进行估计，例如迭代梯度基的平移估计[20,21]。此时可以得到由一系列运动校正的 LR 帧叠加成的非均匀高分辨率图像，作为本书公式中的 $f(s)$。第二步融合主要是通过将一些曲面插值、滤波或曲面拟合的方法应用到非均匀高分辨率图像来实现的[1,4,5,8,12,22]。最后第三步解卷积主要是用来降低融合图像中因光学和传感器所导致的模糊，解卷积的实现方法很多，例如 Tikhonov 解卷积[23]、总变分 (TV) 解卷积[24]、双边总变分 (bilateral TV，BTV) 解卷积[19] 等。需要指出，本书实验中的配准参数和模糊算子均假设为已知，具体利用的是模拟退化中所使用的参数。

3.3.2　基于混合确定度和双适应度的归一化卷积融合法

在图 3.4(a) 所示流程中的融合这一步骤，本章使用了所提的混合确定度和双适应度的归一化卷积，具体融合步骤如图 3.4(b) 所示。

图 3.4(b) 清楚地展示了融合步骤进一步分解成的三个子步骤：首先利用一个局部加权中值算子估计初始高分辨率图像 HR_0，此时 HR_0 仍是一幅非均匀高分辨率图像，即公式中的 $\hat{f}(s,s_0)$。然后使用初始估计图像 HR_0 进行一阶鲁棒归一化卷积操作，得到另一幅质量稍好的高分辨率图像 HR_1，此时 HR_1 为一幅均匀高分辨率图像，即公式中的 $f(s_0)$。最后应用 $f(s)$、$\hat{f}(s,s_0)$ 和 $f(s_0)$ 进行本书所提出的混合确定度和双适应度归一化卷积运算，得到质量更好的均匀高分辨率图像 HR_2。需

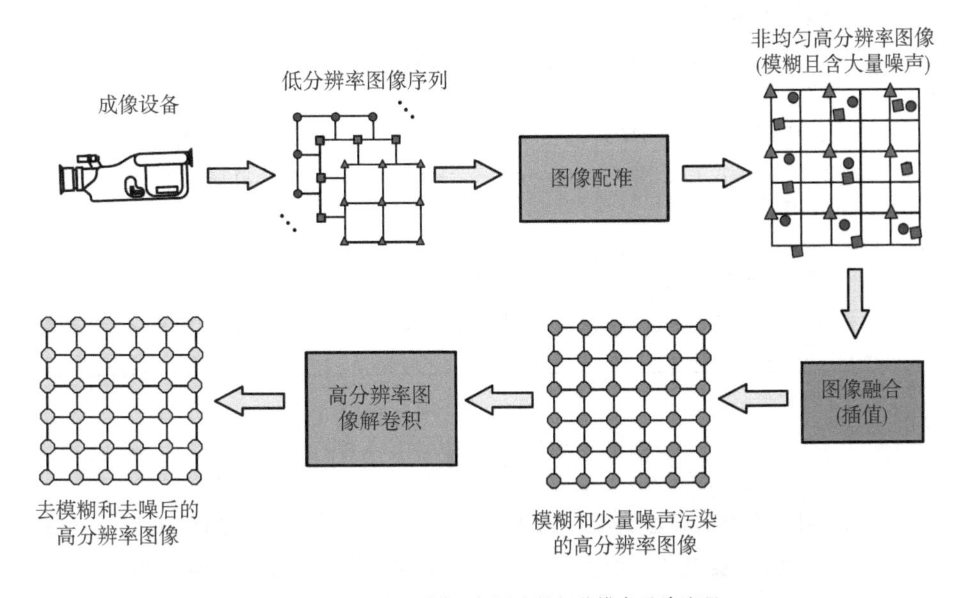

(a) 基于融合–复原法的超分辨率重建流程

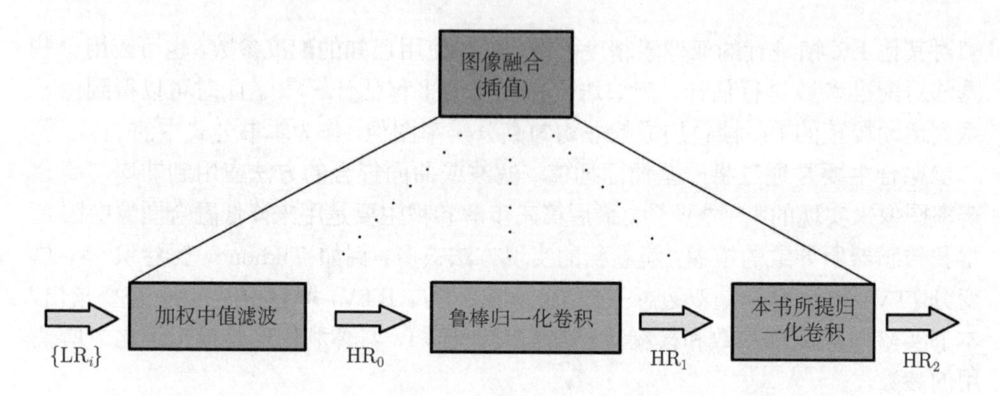

(b) 本章的图像融合步骤进一步分解

图 3.4　基于混合确定度和双适应度的归一化卷积超分辨率重建算法

要注意的是，HR_2 仅是融合后的结果，因此图像仍是模糊的，甚至仍含少量噪声，还需要进行解卷积才能最终实现超分辨率重建。至此，图 3.4(包括 (a)(b)) 整体给出的是一种新的超分辨率重建三步法，我们将此方法命名为基于混合确定度和双适应度的归一化卷积超分辨率重建算法。为了使算法更为清晰，我们将具体步骤的执行细节列于表 3.1。

表 3.1　基于混合确定度和双适应度归一化卷积的超分辨率重建

步骤 1. 输入：带有随机亚像素平移的受噪声污染的模糊低分辨率图像序列；

步骤 2. 如果平移运动参数未知，则以一幅低分辨率图像 (通常选第一幅) 为参考帧，按亚像素精度估计出每一帧低分辨率图像的运动参数；

步骤 3. 配准：按照已知或估计出的运动参数，将所有低分辨率图像均投影到一个标准高分辨率网格中，形成一幅像素非均匀的高分辨率图像 $f(s)$；

步骤 4. 初始化：利用局部加权中值算子对 $f(s)$ 进行滤波，得到非均匀高分辨率图像的初始估计 $\hat{f}(s, s_0)$；

步骤 5. 根据公式 (3.5)、式 (3.9) 和式 (3.10)，使用一阶鲁棒归一化卷积对 $f(s)$ 进行拟合运算，得到一幅均匀高分辨率图像 $f(s_0)$；

步骤 6. 根据公式 (3.9)、式 (3.12)、式 (3.14) 和式 (3.17) 进行基于混合确定度和双适应度的一阶归一化卷积计算，得到最后融合的均匀高分辨率图像 $z(s)$；

步骤 7. 解卷积：也就是对步骤 6 所得图像 $z(s)$ 进行去模糊操作，得到最接近原始的图像，本书实验均采用 Tikhonov 正则化解卷积法

3.4　实验结果与分析

为了证明所提的基于混合确定度和双适应度归一化卷积的超分辨率重建算法的有效性，本节组织实施了三组实验。从不同角度分别验证混合确定度和双适应度各自的优势。第一组实验用来验证所提归一化卷积框架中双适应度的优越性，为此

确定度不采用混合确定度而是普通的高斯确定度。第二组实验用来验证将高斯确定度改为混合确定度函数后，算法性能的改进。第三组实验将所提算法用于水位测量图像的实际应用中，与相关算法比较验证所提算法的优越性。

3.4.1 基于高斯确定度和双适应度的归一化卷积超分辨率重建实验

本小节中，将要实施的实验主要是用来验证所提归一化卷积超分辨率重建算法中双适应度的有效性。首先，通过对一幅原始图像进行随机平移得到 10 帧运动后的图像；而后用标准偏差为 2 的高斯函数对图像进行模糊；然后，在两个坐标方向上对上述图像进行下采样，采样因子设为 3；接着以 5%的椒盐噪声作为异常值对下采样的低分辨率图像进行污染。原始图像如图 3.5(a) 所示，10 帧退化低分辨率平移图像序列中的一帧如图 3.5(b) 所示 (为了对比观测，这里已将其放大到与原始图像大小相同)。

表 3.1 所提的算法稍作调整 —— 确定度采用高斯确定度，以便与相关算法作同条件对比。应用调整后的基于高斯确定度和双适应度归一化卷积超分辨率重建算法对上述所生成的图像序列进行重建，同时还与已有的三种超分辨率重建算法实施重建的结果进行了对比。这三种算法分别为：Zomet 所提的基于反投影误差中值的鲁棒融合结合 L_2 范数解卷积的超分辨率重建算法[16]；Farsiu 提出的 L_1 范数融合结合双边总变分 (bilateral total-variation，BTV) 正则化解卷积 (L_1 + BTV) 的超分辨率重建算法[19]；Pham 所提的基于高斯确定度的归一化卷积超分辨率重建算法[8]。为了消除运动估计误差对结果的影响，所有重建方法中的运动参数均假设为已知，即把上述随机平移的参数用于配准。

这里，实验结果的评价指标采用均方根误差 (root of mean squared error，RMSE)，定义如下：

$$\mathrm{RMSE}(f,\hat{f})=\sqrt{\frac{1}{N}\sum\left(f-\hat{f}\right)^2} \tag{3.18}$$

式中，N 表示样本数量。

从图 3.5 所示的结果可以看出，图 3.5(e) 和 (f) 比图 3.5(c) 和 (d) 更为平滑。特别是在图 3.5(e) 和 (f) 中的帽沿部分几乎与原始图图 3.5(a) 一样；而对于图 3.5(c) 和 (d) 中的瞳孔处，则有些许的伪像或卡通化。另外，在异常值处理方面，图 3.5(f) 比 (e) 稍好，这一判断可以从图 3.5(e) 和 (f) 中黑白点处的比较得到证实。很明显，图 3.5(f) 中帽子和眼睛边缘的黑白点比图 3.5(e) 要弱得多。同时，表 3.2 所示的 RMSE 指标也证实了本章所提归一化卷积超分辨率重建算法中双适应度的有效性。

(a) 原始图像

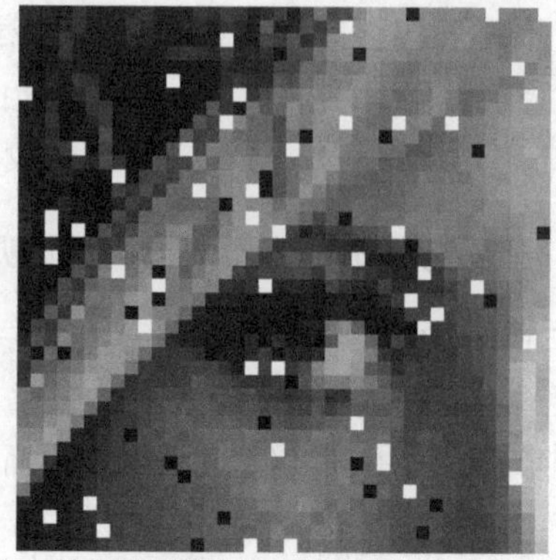

(b) 10帧模拟图像中的一帧(为便于比较观测，已放大到与原始图同等大小) [RMSE = 32.1]

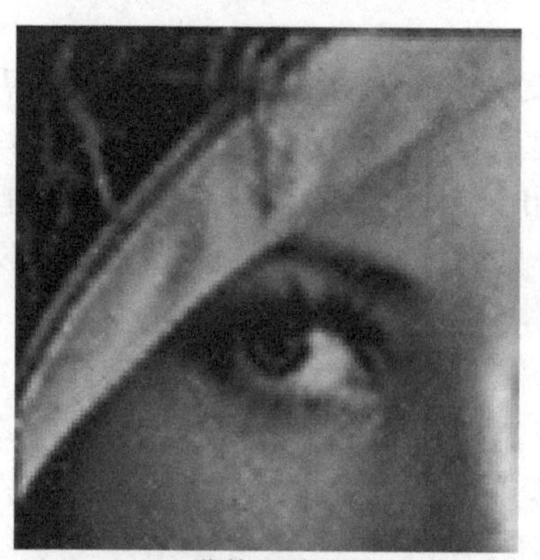

(c) Zomet+L_2范数正则项$\lambda = 0.2$, $\beta = 2$ [RMSE = 21.95]

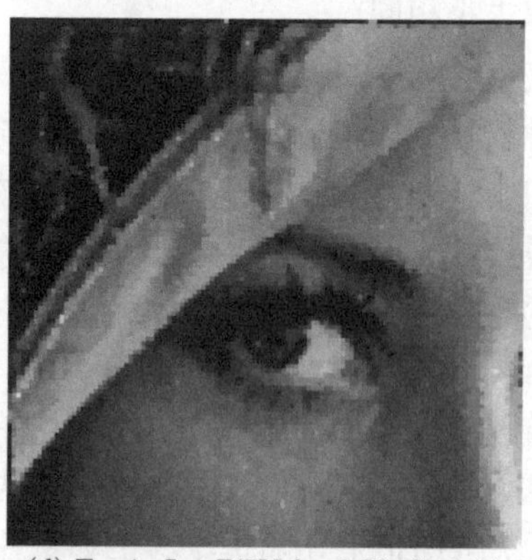

(d) Farsiu L_1+BTV $\lambda = 0.02$, $\beta = 0.01$ [RMSE = 10.35]

(e) Pham的归一化卷积$\sigma_s = 1$, $\sigma_r = 0.01$ [RMSE = 9.22]

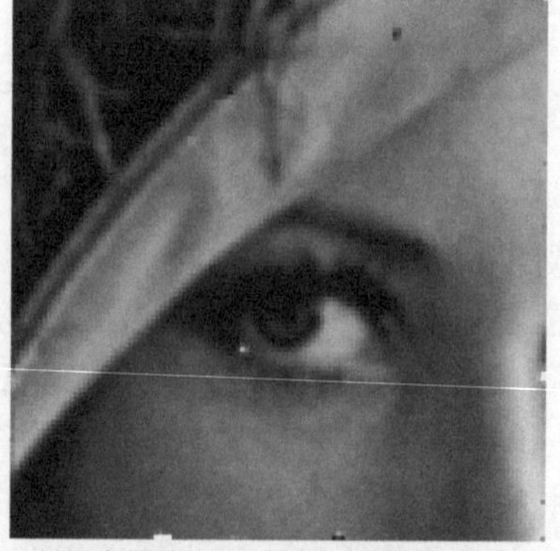

(f) 基于高斯确定度和双适应度的归一化卷积$\sigma_s = 1$, $\sigma_r = 0.01$, $\sigma_R = 0.45$ [RMSE = 7.82]

图 3.5 10 帧退化低分辨率平移图像 (受 5%椒盐噪声干扰) 的超分辨率重建

表 3.2 不同方法超分辨率重建结果的 RMSE 值

Zomet + L_2	Farsiu L_1 + BTV	基于 Pham 的归一化卷积的 SR	基于高斯确定度和双适应度的归一化卷积的 SR
21.95	10.35	9.22	7.82

3.4.2 基于混合确定度和双适应度的归一化卷积超分辨率重建实验

使用与 3.4.1 节所述相同的方法，在第二组实验中又模拟生成了一组退化低分辨率平移图像。这组模拟图像将被用于验证基于混合确定度和双适应度的归一化卷积在超分辨率重建中的有效性。原始图像如图 3.6(a) 所示，10 帧模拟图像中的一帧如图 3.6(b) 所示 (已使用与图 3.5(b) 相同的方法将其放大)。

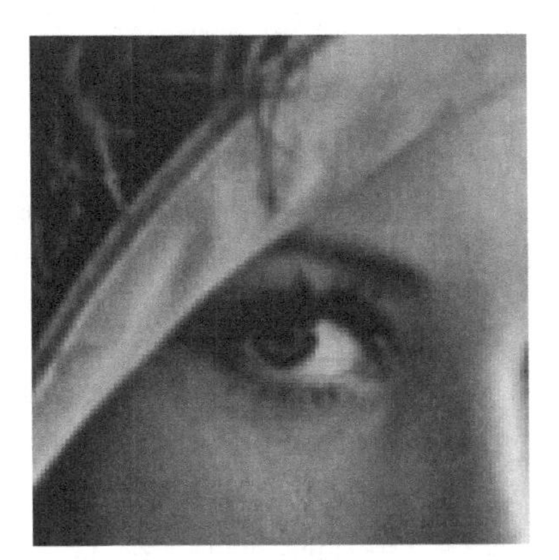

(a) 原始图像

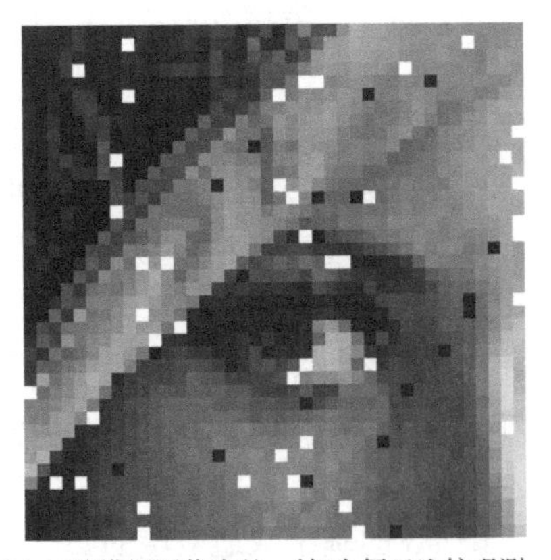

(b) 10帧模拟图像中的一帧(为便于比较观测，已放大到与原始图同等大小) [RMSE=28.9]

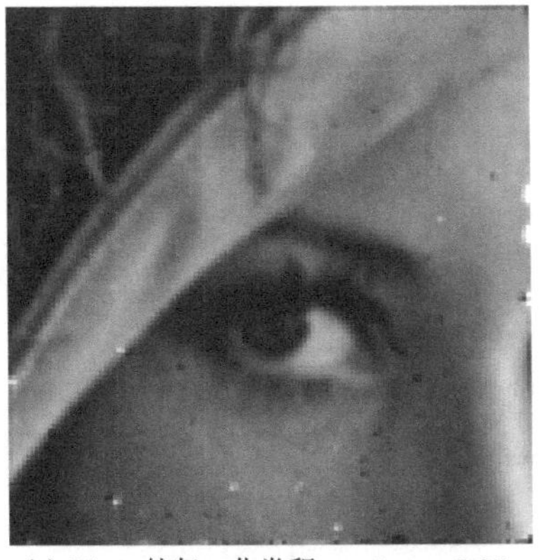

(c) Pham的归一化卷积$\sigma_s=1$, $\sigma_r=0.05$ [RMSE=7.0]

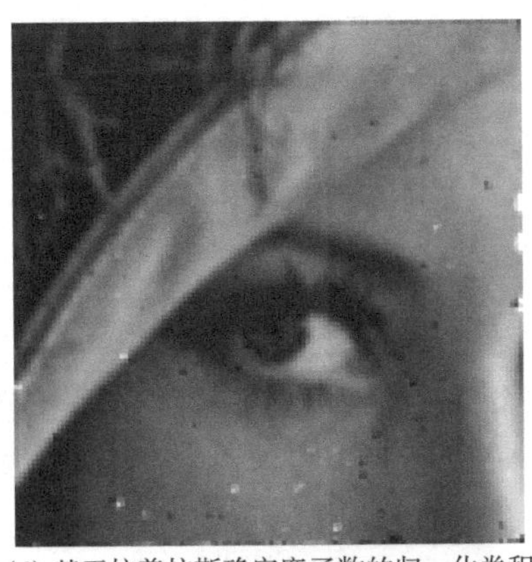

(d) 基于拉普拉斯确定度函数的归一化卷积 $\sigma_s=1$, $\sigma_r=0.05$ [RMSE=7.4]

(e) 基于混合确定度函数的归一化卷积 $\sigma_s=1$，$\sigma_r=0.05$ [RMSE=6.9]

(f) 基于混合确定度函数的双适应度归一化卷积$\sigma_s=1, \sigma_r=0.05$ $\sigma_R=0.4$ [RMSE=5.5]

图 3.6　基于不同确定度函数的归一化卷积重建超分辨率图像

本组实验将以下算法用于对比：基于高斯确定度和适应度归一化卷积的超分辨率重建，基于拉普拉斯确定度和适应度归一化卷积的超分辨率重建，基于混合确定度和适应度归一化卷积的超分辨率重建和基于混合确定度和双适应度归一化卷积的超分辨率重建。

可以发现，图 3.6(e) 和 (f) 相比图 3.6(c) 和 (d) 含有较少的异常值，这是因为混合的确定度能够检测和抑制更多的异常值。特别地，图 3.6(f) 相比图 3.6(e) 更加平滑且接近原始图，是由于图 3.6(f) 所用的方法不仅利用了混合确定度，而且是在 3.1.3 节所述的基于双适应度的归一化卷积框架下得到的。同时，表 3.3 所示的 RMSE 指标也证实了本章所提算法中混合确定度的有效性。

表 3.3　基于不同确定度函数的归一化卷积超分辨率重建结果的 RMSE 值

基于 Pham 的归一化卷积的 SR	基于拉普拉斯确定度函数的归一化卷积 SR	基于混合确定度函数的归一化卷积 SR	基于混合确定度函数的双适应度归一化卷积 SR
7.0	7.4	6.9	5.5

在上述实验基础上，我们又改变了实验中的 σ_r 参数为多个不同的值，再对模拟图像序列进行若干组重建实验，以此证明对于不同的 σ_r，混合确定度总比高斯确定度和拉普拉斯确定度有效。实验结果的性能指标比较曲线如图 3.7 所示。所对比的三个算法分别为: 基于高斯确定度和适应度归一化卷积的超分辨率重建、基于拉普拉斯确定度和适应度归一化卷积的超分辨率重建、基于混合确定度和适应度归一化卷积的超分辨率重建。

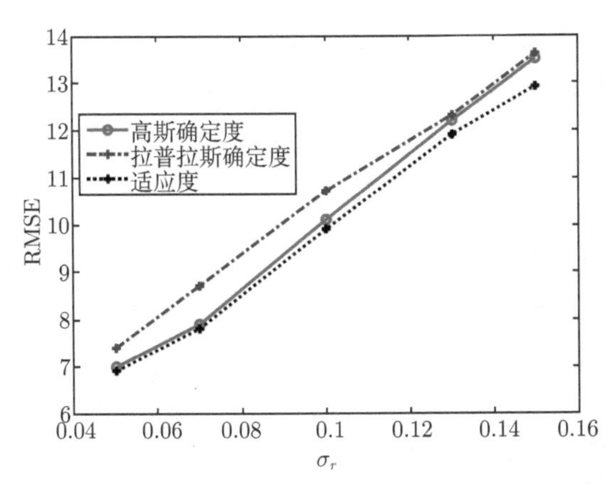

图 3.7 基于不同确定度和 σ_r 的超分辨率重建结果 (RMSE) 对比

从图 3.7 中可以看出，无论 σ_r 取值为多少，利用混合确定度的超分辨率重建结果的 RMSE 总是低于其他两种确定度超分辨率重建结果的 RMSE。

3.4.3 新超分辨率重建算法在水位测量中的应用实验

在水文量测领域，水位测量对于水灾害预防、水资源调控以及水运安全等方面都发挥着不可替代的作用，因此长期以来都是水文工作者关注的重点技术环节。传统的水位测量需要水文测报人员到达现场，利用水尺实地读取数据，这无疑是耗费人力且不经济的。为此，现代测报途径通常有浮子式、压力式、雷达式或超声波式的自动水文测量方式[25]，但无论哪一种，其中所使用的传感器都会受到周边环境的影响，测量数据经常不够稳定和准确。因此，利用视频监控技术对固定地点的水尺水位实施远程实时观测，从视频中读取当前水位可以有效避免上述方法的不足，是一种新型水利测报方式。图 3.8(a) 就是监控探头在稳定环境下拍摄的一幅高质量彩色水尺图像，因为所关注的仅是水尺上刻度，色彩信息并不重要，所以为了提高效率，通常提取其灰度分量图像如图 3.8(b) 进行传输。

利用视频观测，就不能回避视频的观测质量问题。由于观测地点通常处于环境较为恶劣的野外，数字成像设备受到的退化影响比普通应用领域更甚，有可能出现刻度辨识不清的情况。为了在任何情况下都能准确读出视频的水尺刻度，有必要应用超分辨率重建技术对获取图像进行重建。这是超分辨率重建技术在水利科学上的一个典型应用。

第三组实验，我们将本章所提的基于混合确定度和双适应度归一化卷积超分辨率重建算法应用到一个模拟退化的水尺图序列上，以验证所提算法在水位测量应用的有效性。所对比的算法分别是：Zomet 所提的基于反投影误差中值的鲁棒融合结合 L_2 范数解卷积的超分辨率重建算法；Farsiu 提出的 L_1 范数融合结合双边

总变分 (bilateral total-variation，BTV) 正则化解卷积 (L_1 + BTV) 的超分辨率重建算法；Pham 所提的基于高斯确定度的归一化卷积超分辨率重建算法。

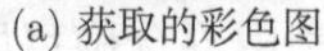

(a) 获取的彩色图　　　　(b) 由彩图提取出的灰度图

图 3.8　含水尺的水位监测图像

图 3.9(a) 为水尺的局部放大图像，图 3.9(b) 为一帧模拟退化的低分辨率图像。退化模拟依次采用了随机平移、模糊核为 $[1\ 4\ 6\ 4\ 1]^{\mathrm{T}}[1\ 4\ 6\ 4\ 1]/256$ 卷积模糊、采样因子为 3 的下采样以及 5%的椒盐噪声作为异常值，最后得到 10 帧模拟退化的低分辨率图像。从实验结果可以看出，Zomet + L_2 范数正则项的重建结果 (图 3.9(c)) 整体仍然较为模糊，特别是边缘部分有毛刺现象；Farsiu L_1 + BTV 的重建结果 (图 3.9(d)) 边缘相对稍清晰，但整体仍然模糊；Pham 的归一化卷积的重建结果 (图 3.9(e)) 由于采用了高斯确定度，质量有很大提升，但有稍许异常值没有被有效抑制；本节所提算法的重建结果 (图 3.9(f)) 与原始图像比，整体已相差不大，重建效果最好。

(a) 原始局部图像

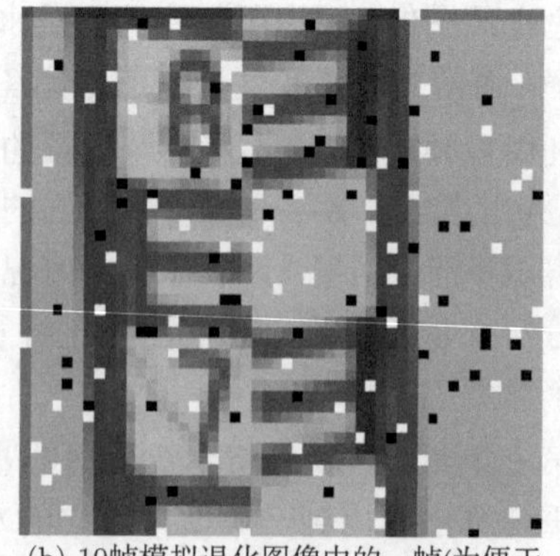

(b) 10帧模拟退化图像中的一帧(为便于比较观测,已放大到与原始图同等大小) [RMSE＝29.8]

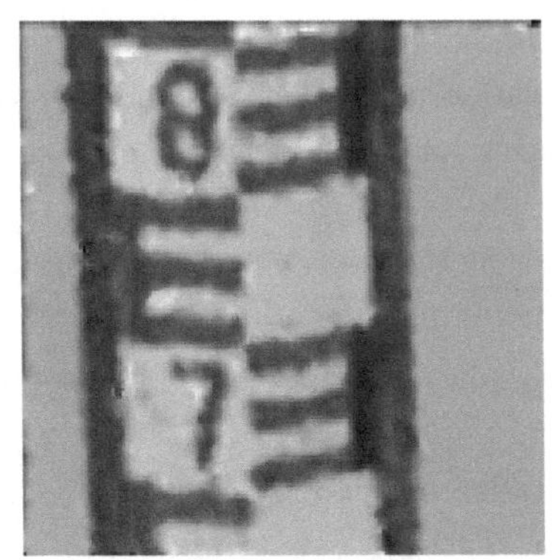

(c) Zomet+L_2 范数正则项重建
$\lambda=0.1$, $\beta=1$ [RMSE=19.46]

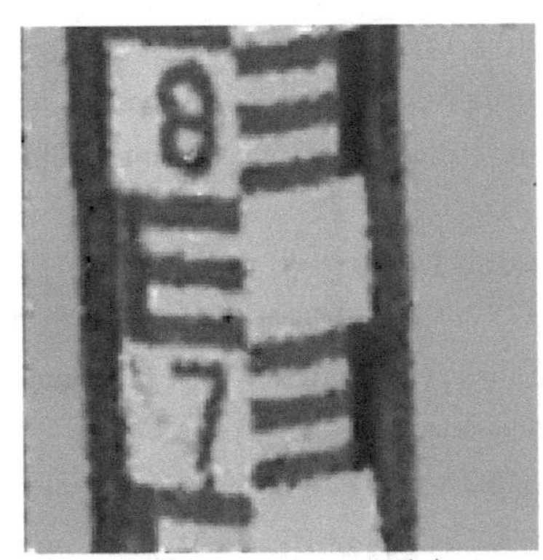

(d) Farsiu L_1+BTV重建
$\lambda=0.1$, $\beta=0.5$ [RMSE=15.82]

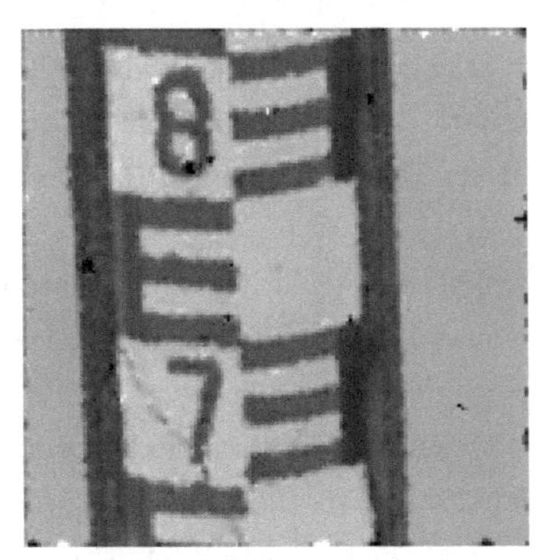

(e) Pham的归一化卷积重建
$\sigma_s=1.5$, $\sigma_r=0.23$ [RMSE=11.73]

(f) 基于混合确定度和双适应度归一化卷积重建$\sigma_s=1$, $\sigma_r=0.07$, $\sigma_R=0.3$ [RMSE=6.94]

图 3.9 10 帧退化的局部水尺图像的超分辨率重建

除此以外，通过所计算出的性能指标 RMSE 如表 3.4 所示，也可验证本书算法是最优的，能够有效抑制异常值。综上，此实验表明了超分辨率重建技术，尤其是本书所提的算法，对于视频水位的测报是有效的。

表 3.4 不同超分辨率算法对水尺图重建结果的 RMSE 值

Zomet + L_2	Farsiu L_1 + BTV	基于 Pham 的归一化卷积的 SR	基于混合确定度和双适应度的归一化卷积的 SR
19.46	15.82	11.73	6.94

参 考 文 献

[1] Lertrattanapanich S, Bose N K. High resolution image formation from low resolution frames using delaunay triangulation. IEEE Transaction on Image Processing, 2002,

11(12): 1427-1441.

[2] Nguyen N, Milanfar P. A wavelet-based interpolation-restoration method for superresolution (wavelet superresolution). Circuits, Systems, and Signal Processing, 2000, 19(4): 321-338.

[3] Amidror I. Scattered data interpolation methods for electronic imaging systems: a survey. Journal of Electronic Imaging, 2002, 11(2): 157-176.

[4] Haralick R M, Watson L. A facet model for image data. Computer Graphics and Image Processing, 1981, 15(2): 113-129.

[5] Farneback G. Polynomial expansion for orientation and motion estimation. Ph. D. thesis, Linkoping University, Linkoping, Sweden, 2002.

[6] van de Weijer J, van den Boomgaard R. Least squares and robust estimation of local image structure. IJCV, 2005, 64(2/3): 143-155.

[7] Knutsson H, Westin C F. Normalized and differential convolution methods for interpolation and filtering of incomplete and uncertain data. Proceedings of IEEE Computer Society Conference on Computer Vision and Pattern Regocnition (CVPR), New York, NY, USA, 1993: 515-523.

[8] Pham T Q, van Vliet L J, Schutte K. Robust fusion of irregularly sampled data using adaptive normalized convolution. EURASIP Journal on Applied Signal Processing, 2006, Article ID 83268.

[9] Young R A, Lesperance R M, Meyer W W. The Gaussian derivative model for spatial-temporal vision: I. cortical model. Spatial Vision, 2001, 14(3-4): 261-319.

[10] Young I T, van Vliet L J. Recursive implementation of the Gaussian filter. IEEE Trans. on Signal Processing, 1995, 44(2): 139-151.

[11] Bentley J L, Friedman J H. Data structures for range searching. ACM Computing Surveys, 1979, 11(4): 397-409.

[12] Tomasi C, Manduchi R. Bilateral filtering for gray and color images. In Proc. IEEE Int. Conf. Computer Vision, New Delhi, India, 1998: 836-846.

[13] Borman S, Stevenson R L. Spatial resolution enhancement of low-resolution image sequences: A comprehensive review with directions for future research. Technical report, Department of Electrical Engineering, University of Notre Dame, Notre Dame, Indiana, USA, 1998.

[14] Capel D. Image Mosaicing and Super-Resolution. Springer-Verlag, 2004.

[15] Irani M, Peleg S. Improving resolution by image registration. CVGIP: Graphical Models and Image Processing, 1991, 53(3): 231-239.

[16] Zomet A, Rav-Acha A, Peleg S. Robust super-resolution//Proc. of CVPR'01, Kauai, Hawaii, 2001, I: 645-650.

[17] Hardie R C, Barnard K J, Bognar J G, et al. High-resolution image reconstruction from a sequence of rotated and translated frames and its application to an infrared imaging

system. Optical Engineering, 1998, 37(1): 247-260.

[18] Elad M, Hel-Or Y. A fast super-resolution reconstruction algorithm for pure translational motion and common space invariant blur. IEEE Transactions on Image Processing, 2001, 10(8): 1187-1193.

[19] Farsiu S, Robinson M D, Elad M. Fast and robust multiframe super resolution. IEEE Transactions on Image Processing, 2004, 13(10): 1327-1344.

[20] Lucas B D, Kanade T. An iterative image registration technique with an application to stereo vision. In Proc. of DARPA'81, 1981: 121-130.

[21] Pham T Q, Bezuijen M, van Vliet L J, et al. Performance of optimal registration estimators//Rahman Z, Schowengerdt R A, Reichenbach S E. Visual Information Processing XIV, 2005, 5817: 133-144.

[22] Nguyen N, Milanfar P. A wavelet-based interpolation-restoration method for superresolution (wavelet superresolution). Circuits, Systems, and Signal Processing, 2000, 19(4): 321-338.

[23] Lei J, Liu S, Li Z H. An image reconstruction algorithm based on the extended Tikhonov regularization method for electrical capacitance tomography. Measurement, 2009, 42(3): 368-376.

[24] El H A, Menard M, Lugiez M. Weighted and extended total variation for image restoration and decomposition. Pattern Recognition, 2010, 43(4): 1564-1576.

[25] 陈金水. 基于视频图像识别的水位数据获取方法. 水利信息化, 2013, (1): 48-51, 60.

第 4 章　基于三边核回归的图像超分辨率重建

成像设备在获取图像过程中，会受到噪声干扰，环境恶劣时，噪声甚至非常强烈，使图像中出现异常值现象。如第 2 章所述，解决异常值问题是超分辨率重建的重要任务。而由于融合-复原法的融合 (插值) 环节很适于噪声和异常值的抑制，因此本章仍将基于融合-复原法讨论超分辨率重建。为了给超分辨率重建中的融合提供另一种研究思路，在本章，融合 (插值) 环节的研究对象不再是归一化卷积，而是聚焦于近几年方兴未艾的核回归算法。

融合方法的选用或设计直接关系到图像最后重建的质量。Alam 等[1] 提出了一种加权最近邻方法对非均匀采样图像进行插值，然后用维纳滤波进行去卷积。为了消除图像生成中的退化，Elad 和 Hel-Or 引入一种高效计算方法[2]，然而却仅考虑了纯平移、空间不变模糊和加性高斯噪声这种特殊情况。Pham 等[3] 采用归一化卷积的拟合方式对不规则采样数据进行融合。2007 年，Takeda[4] 提出了用回归理论对图像进行融合的思路，受到广泛关注。他们设计了一种自适应方向核在高分辨率图像网格中对已配准的低分辨率图像进行回归实现图像融合，能够取得较好效果。当噪声服从某种分布模型时，自适应调整核回归是有效的，但是图像中若出现无法接受的异常值就会对结果产生影响。Takeda 的核回归方法还可以进一步改进来更好地解决上述问题。

本章将主要研究核回归方法并将其应用于超分辨重建，目的在于对核回归性能进行提升，使其能够更有效地消除异常值 (可能产生于椒盐噪声或偶然的配准误差)，实现更准确的超分辨率重建。受 Lertrattanapanich 奇点剔除思想的启发[5]，我们建立了新的异常值检测和消除机制，从而提出一种新颖的置信度加权结构自适应核回归框架。新框架不仅考虑了图像中的局部结构，而且考虑了异常值的消除，使真正和有价值的像素参与到核回归计算当中。

4.1　图像处理中的回归问题

图像处理中的回归可以解决超分辨率重建中的去噪、插值问题。图 4.1 为一个简单的成像系统，它显示了观测图像是如何一步步退化的，说明了一个真实场景灰度图的成像过程。同时图 4.1 也给出了退化图像的复原过程，其中的去噪、放大或插值就可用回归方法来完成。

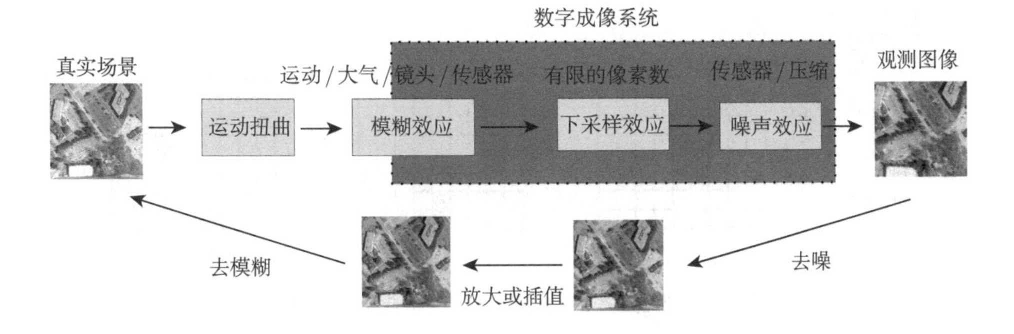

图 4.1　数字成像系统的图像产生模型

回归作为一种信号处理工具，不仅可以对规则采样数据进行插值，也可对不规则含噪采样数据进行复原、修复[6] 和增强。规则采样数据如图 4.2(a) 所示，我们可以选择 1:2 系数在每个方向上对图像进行上采样同时去除噪声。不规则含噪采样数据如图 4.2(b) 所示，它也可以被重采样到一个高分辨率的规则网格内。图 4.2(c) 为一幅已被重采样的图像，在所有需要像素的位置都给出了样本。多帧超分辨率重建中，将若干低分辨率图像整合到一个高分辨率网格上时[7]，也会形成不规则采样的含噪图像，因此利用回归对不规则采样图像数据进行重采样并抑制噪声就变得很受关注。图 4.3 给出了超分辨率重建中整合后的不规则采样图像数据的示意图。

综上，回归问题至少涵盖了 2 种信号 (图像/视频) 处理，包括插值和去噪。而且，如图 4.2 和图 4.3 所示，对于不完整甚至不规则的给定样本，也可以利用回归进行插值和去噪。在众多回归方法中，有一类非参数方法——核回归，过去很少受到图像处理研究者的关注。但由于其所需假设很少，却是解决超分辨率重建中不规则图像回归问题的有效工具。

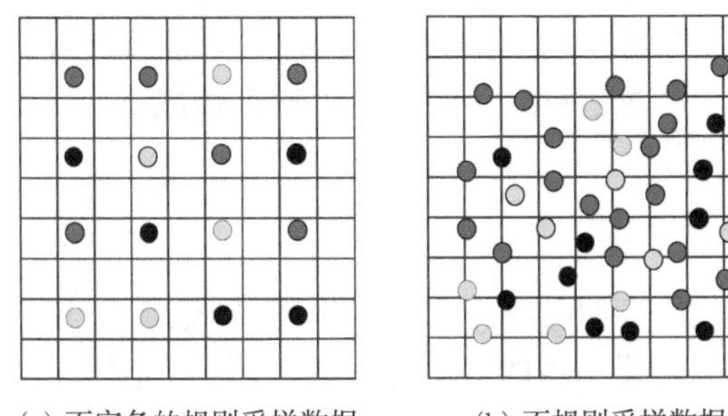

(a) 不完备的规则采样数据　(b) 不规则采样数据　(c) 完备的规则采样数

图 4.2　图像数据采样示意图

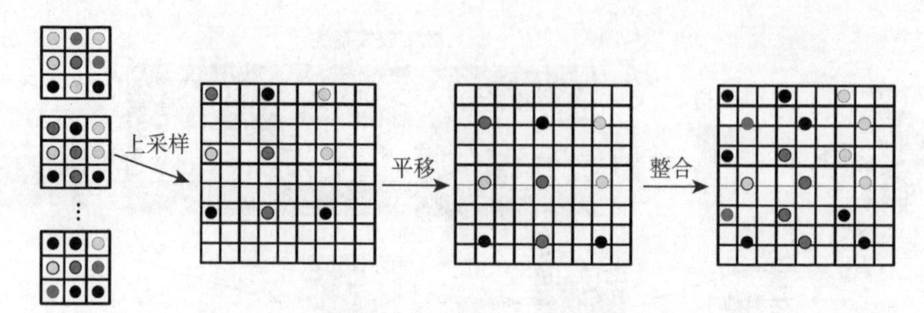

图 4.3　高分辨率网格中整合后的不规则采样数据

4.2　核回归及其在超分辨率重建中的运用

本节在介绍经典核回归框架的基础上，引入具有结构自适应功能的自适应核回归模型，提出了基于结构自适应核回归的超分辨率重建算法。在描述其优势特性的同时，也指出了其缺点及不足，进而有针对性地又对自适应核回归模型进行了改进；之后，基于改进的自适应核回归模型又提出了新的超分辨率重建算法，并给出了算法流程。

4.2.1　一维核回归

经典的参数图像处理方法依赖于感兴趣信号的具体模型，并在噪声干扰的条件下计算该模型的参数。这种方法适于解决多种问题，包括去噪、放大以及插值。在估计出参数的基础上，可以构建一个生成模型作为未知信号的最佳估计。

与参数化方法对比，非参数方法依赖于数据本身来决定模型的结构，与之相关的隐式模型就被称为回归函数[8]。与近来兴起的机器学习方法一样，核方法已引起关注并常用于解决模式识别问题[9]。然而，非参数估计中的相关思想，也即核回归没有在图像和视频处理文献中被广泛使用。事实上，在过去的几十年间，相关概念已出现于文献之中，只是形式和名称不同，如双边滤波器[10,11]，边缘方向插值[12]以及移动最小二乘[13]。为了简化说明核回归，我们给出了一维情况下观测数据的表达式：

$$y_i = z(x_i) + \varepsilon_i, \quad i = 1, 2, \cdots, P \tag{4.1}$$

式中，$z(\cdot)$ 为未确定形式的回归函数；ε_i 为零均值的独立同分布噪声 (此噪声的统计分布未作特别限定)；P 为局部分析窗口内的观测样本数。对于无参数全局信号模型，核回归提供了一种重要的函数逐点估计机制。

尽管回归函数 $z(\cdot)$ 的具体形式可能仍然不明确，但如果我们假设它是 N 阶局部平滑的，那么给定样本数据，为了估计函数在任意点 x 的值，可以进行关于这一点的函数局部扩展。具体来说，如果感兴趣点 x 靠近 x_i，就有如下 N 阶 Taylor 级数：

$$\begin{aligned} z(x_i) &= z(x) + z'(x)(x_i - x) + \frac{1}{2!}z''(x)(x_i - x)^2 + \cdots + \frac{1}{N!}z^{(N)}(x)(x_i - x)^N \\ &= \beta_0 + \beta_1(x_i - x) + \beta_2(x_i - x)^2 + \cdots + \beta_N(x_i - x)^N \end{aligned} \tag{4.2}$$

式中，$z'(x)$ 和 $z^{(N)}(x)$ 为回归函数的一阶和 N 阶导数。由式 (4.2) 可以看出，如果以 Taylor 级数作为回归函数的局部表示 (除此假设，文献 [14] 还介绍了其他基于非多项式基函数的局部逼近)，那么就可以基于样本数据对参数 β_0 进行估计，从而得到回归函数所需的局部估计。事实上，参数 $\{\beta_n\}_{n=1}^N$ 提供了回归函数 N 阶导数的局部信息。因为这一方法是基于局部逼近的，所以由样本估计参数 $\{\beta_n\}_{n=1}^N$ 的合理策略就是：赋予近处样本比远处样本更高的权值。下式就是用于优化的基于上述思想的最小二乘公式：

$$\min_{\{\beta_n\}} \sum_{i=1}^{P} \left[y_i - \beta_0 - \beta_1(x_i - x) - \beta_2(x_i - x)^2 - \cdots - \beta_N(x_i - x)^N\right]^2 \frac{1}{h}K\left(\frac{x_i - x}{h}\right) \tag{4.3}$$

式中，$K(\cdot)$ 是核函数，在局部逼近中用来判罚到中心位置的距离；平滑参数 h(也称为 “带宽”) 控制着判罚强度[15]。特别指出，函数 K 为对称函数，在零点达到其最大值，且满足：

$$\int \delta K(\delta)\mathrm{d}\delta = 0, \quad \int \delta^2 K(\delta)\mathrm{d}\delta = c \tag{4.4}$$

式中，c 为常量。可看出，回归框架中核函数要满足的条件为非负、对称且单峰。不像核密度估计问题，即使式 (4.3) 中核权值的总和不为 1，也将会在估计器中被归一化，估计器来自于最小化推导。函数 K 具体形式的选择是开放的，可能为高斯、指数或其他满足上述约束条件的形式。显然，经典回归情况下，核的选择对估计的准确性影响很小[15]，因此一般使用低计算复杂度的可微核，例如高斯核。

对于式 (4.3) 所示的估计问题，提高阶数 N 可实现更复杂信号的局部逼近。在非参数统计文献中，局部常数逼近、线性逼近和二次逼近 (对应于 $N = 0, 1, 2$) 被广泛使用[8,16-18]。特别地，当 $N = 0$ 时，所得到的就是一个局部线性自适应滤波器，这也是大家所知的 Nadaraya-Watson 估计器 (NWE)[19]。NWE 估计器有如下形式：

$$\hat{z}(x) = \frac{\sum_{i=1}^{P} K_h(x_i - x)y_i}{\sum_{i=1}^{P} K_h(x_i - x)} \tag{4.5}$$

其中，

$$K_h(x_i - x) = \frac{1}{h}K\left(\frac{x_i - x}{h}\right) \tag{4.6}$$

在核回归框架的基础上可导出自适应滤波器，而 NWE 是这种自适应滤波器最简单形式。事实上，著名的双边滤波器[10,11] 可以看作是在修正核定义的基础上对 NWE 的推广。

4.2.2　二维核回归

如 4.2.1 节所述，核回归方法实质上是一种非参数插值或拟合计算法，已被广泛地应用于许多科学和工程领域，例如模式识别和智能计算中皆有涉及。众所周知，参数化插值依赖于感兴趣信号的带有参数的具体模型。而与之对比，核回归仅依赖于局部数据来确定模型结构，模型并不需要任何参数。无论是通过显式的参数化方法还是通过隐式的非参数化方法，一旦模型被确定，就可以进行插值操作。由于图像是一种二维信号，显然可以用核回归来描述图像信号。

类似于式 (4.1) 所示的一维情况，二维数据模型表述如下：

$$y(\boldsymbol{x}) = z(\boldsymbol{x}) + \boldsymbol{\varepsilon}, \quad \boldsymbol{x} = [x_1, x_2]^{\mathrm{T}} \tag{4.7}$$

式中，$z(\boldsymbol{x})$ 为真实图像；$y(\boldsymbol{x})$ 为受噪声污染的观测图像；$\boldsymbol{x}$ 是在二维图像网格中的像素坐标；ε 是零均值的独立同分布随机噪声。核回归的任务就是利用 $y(\boldsymbol{x})$ 局部或邻域的观测像素来逐点估计 $z(\boldsymbol{x})$ 中的像素。

对于一个位于 $\boldsymbol{x}_i$ 位置的具体像素 $z(\boldsymbol{x}_i)$，我们可以在以 $\boldsymbol{x}$ 为中心的邻域内将其扩展为 N 阶泰勒级数：

$$z(\boldsymbol{x}_i) = z(\boldsymbol{x}) + \{\boldsymbol{\nabla} z(\boldsymbol{x})\}^{\mathrm{T}}(\boldsymbol{x}_i - \boldsymbol{x}) + \left(\frac{1}{2}\right)(\boldsymbol{x}_i - \boldsymbol{x})^{\mathrm{T}}\{\boldsymbol{H}z(\boldsymbol{x})\}(\boldsymbol{x}_i - \boldsymbol{x}) + \cdots \tag{4.8}$$

$$= \beta_0 + \boldsymbol{\beta}_1^{\mathrm{T}}(\boldsymbol{x}_i - \boldsymbol{x}) + \boldsymbol{\beta}_2^{\mathrm{T}}\mathrm{vech}\left\{(\boldsymbol{x}_i - \boldsymbol{x})(\boldsymbol{x}_i - \boldsymbol{x})^{\mathrm{T}}\right\} + \cdots \tag{4.9}$$

式中，$\boldsymbol{\nabla}$ 和 $\boldsymbol{H}$ 分别为梯度 (2×1) 和 Hessian(2×2) 算子；vech$(\cdot)$ 为半向量化算子，它可以将对称矩阵的下三角部分按字典序排列为一个列堆叠向量，式 (4.10) 为两个直观的示例。

$$\mathrm{vech}\left(\begin{bmatrix} a & b \\ b & c \end{bmatrix}\right) = \begin{bmatrix} a & b & c \end{bmatrix}^{\mathrm{T}}; \quad \mathrm{vech}\left(\begin{bmatrix} a & b & c \\ b & d & e \\ c & e & f \end{bmatrix}\right) = \begin{bmatrix} a & b & c & d & e & f \end{bmatrix}^{\mathrm{T}} \tag{4.10}$$

比较式 (4.8) 和式 (4.9) 可以看出，β_0 为感兴趣点的像素值，向量 $\boldsymbol{\beta}_1$ 和 $\boldsymbol{\beta}_2$ 分别为一阶和二阶偏导数向量，也即

$$\beta_0 = z(\boldsymbol{x}) \tag{4.11}$$

$$\boldsymbol{\beta}_1 = \boldsymbol{\nabla} z(\boldsymbol{x}) = \left[\begin{array}{cc} \dfrac{\partial z(\boldsymbol{x})}{\partial x_1} & \dfrac{\partial z(\boldsymbol{x})}{\partial x_2} \end{array} \right]^{\mathrm{T}} \tag{4.12}$$

$$\boldsymbol{\beta}_2 = \frac{1}{2} \left[\begin{array}{ccc} \dfrac{\partial^2 z(\boldsymbol{x})}{\partial x_1^2} & 2\dfrac{\partial^2 z(\boldsymbol{x})}{\partial x_1 \partial x_2} & \dfrac{\partial^2 z(\boldsymbol{x})}{\partial x_2^2} \end{array} \right]^{\mathrm{T}} \tag{4.13}$$

通过下面的优化公式 (4.14)，计算出 $\boldsymbol{\beta}_n$：

$$\min_{\{\beta_n\}} \sum_{i=1}^{P} \left[y_i - \beta_0 - \boldsymbol{\beta}_1^{\mathrm{T}} (\boldsymbol{x}_i - \boldsymbol{x}) - \boldsymbol{\beta}_2^{\mathrm{T}} \mathrm{vech} \left\{ (\boldsymbol{x}_i - \boldsymbol{x}) (\boldsymbol{x}_i - \boldsymbol{x})^{\mathrm{T}} \right\} - \cdots \right]^2 K_{\boldsymbol{H}}(\boldsymbol{x}_i - \boldsymbol{x}) \tag{4.14}$$

式中，K 就是核函数的二维实现，它对每一个残差都赋予一个不同的权值；$\boldsymbol{H}$ 为 2×2 的光滑矩阵，它控制着邻域的大小。对于经典核回归，$\boldsymbol{H} = h\boldsymbol{I}$，其中 h 为尺度标量，$\boldsymbol{I}$ 是一个单位矩阵。一般情况下，K 被选为高斯函数类型，根据兴趣像素和观测像素之间的距离来赋予权值。由此，核函数可以表示为

$$K_{\boldsymbol{H}}(\boldsymbol{x}_i - \boldsymbol{x}) = \frac{\mathbf{1}}{2\pi \sqrt{\det\left(\boldsymbol{H}\boldsymbol{H}^{\mathrm{T}}\right)}} \times \exp\left\{ -\frac{1}{2} (\boldsymbol{x}_i - \boldsymbol{x})^{\mathrm{T}} \left(\boldsymbol{H}\boldsymbol{H}^{\mathrm{T}}\right)^{-1} (\boldsymbol{x}_i - \boldsymbol{x}) \right\} \tag{4.15}$$

如果忽略 $z(\boldsymbol{x})$ 的回归阶数 (N) 和维数，可以发现优化公式 (4.14) 实际上是一个加权最小平方的问题。可以表示为

$$\hat{\boldsymbol{b}} = \arg\min_{\boldsymbol{b}} \left[(\boldsymbol{y} - \boldsymbol{X}\boldsymbol{b})^{\mathrm{T}} \boldsymbol{K} (\boldsymbol{y} - \boldsymbol{X}\boldsymbol{b}) \right] \tag{4.16}$$

其中，

$$\boldsymbol{b} = \left[\beta_0 \ \boldsymbol{\beta}_1^{\mathrm{T}} \ \cdots \ \boldsymbol{\beta}_N^{\mathrm{T}} \right]^{\mathrm{T}} \tag{4.17}$$

$$\boldsymbol{y} = [y_1 \ y_2 \ \cdots \ y_P]^{\mathrm{T}} \tag{4.18}$$

$$\boldsymbol{K} = \mathrm{diag}\left[K_{\boldsymbol{H}}(\boldsymbol{x}_1 - \boldsymbol{x}) K_{\boldsymbol{H}}(\boldsymbol{x}_2 - \boldsymbol{x}) \cdots K_{\boldsymbol{H}}(\boldsymbol{x}_P - \boldsymbol{x}) \right] \tag{4.19}$$

$$\boldsymbol{X} = \left[\begin{array}{cccc} \mathbf{1} & (\boldsymbol{x}_2 - \boldsymbol{x})^{\mathrm{T}} & \mathrm{vech}^{\mathrm{T}} \left\{ (\boldsymbol{x}_1 - \boldsymbol{x}) (\boldsymbol{x}_1 - \boldsymbol{x})^{\mathrm{T}} \right\} & \cdots \\ \mathbf{1} & (\boldsymbol{x}_2 - \boldsymbol{x})^{\mathrm{T}} & \mathrm{vech}^{\mathrm{T}} \left\{ (\boldsymbol{x}_2 - \boldsymbol{x}) (\boldsymbol{x}_2 - \boldsymbol{x})^{\mathrm{T}} \right\} & \cdots \\ \vdots & \vdots & \vdots & \vdots \\ \mathbf{1} & (\boldsymbol{x}_P - \boldsymbol{x})^{\mathrm{T}} & \mathrm{vech}^{\mathrm{T}} \left\{ (\boldsymbol{x}_P - \boldsymbol{x}) (\boldsymbol{x}_P - \boldsymbol{x})^{\mathrm{T}} \right\} & \cdots \end{array} \right] \tag{4.20}$$

通过将代价函数的导数设为 0，式 (4.16) 可以被进一步求解，并得到一个显式解为

$$\hat{\boldsymbol{b}} = \left[\hat{\beta}_0\ \hat{\boldsymbol{\beta}}_1\ \cdots\ \hat{\boldsymbol{\beta}}_N\right]^{\mathrm{T}} = \left[\hat{z}(\boldsymbol{x})\ \frac{\partial \hat{z}(\boldsymbol{x})}{\partial x_1}\ \frac{\partial \hat{z}(\boldsymbol{x})}{\partial x_2}\ \frac{\partial^2 \hat{z}(\boldsymbol{x})}{2\partial x_1^2}\ \frac{\partial^2 \hat{z}(\boldsymbol{x})}{\partial x_1 \partial x_2}\ \frac{\partial^2 \hat{z}(\boldsymbol{x})}{2\partial x_2^2} \cdots\right]^{\mathrm{T}}$$
$$= \left(\boldsymbol{X}^{\mathrm{T}}\boldsymbol{K}\boldsymbol{X}\right)^{-1}\boldsymbol{X}^{\mathrm{T}}\boldsymbol{K}\boldsymbol{y} \tag{4.21}$$

从式 (4.21) 的结果可以看出，经典核回归实际上就是由局部数据的线性加权平均来逐点估计要求的回归模型。显然，在估计过程中权值起到了非常重要的作用。在经典核回归中，所赋的权值大小仅仅是根据数据之间的空间距离或相关性来确定，也就是说，数据之间空间距离越远相关性越低，导致所赋权值也越小；反之亦然。然而在图像中，像素之间的相关性不仅包括空间距离，还取决于多种关系，例如强度关系、径向对称关系以及结构关系等。因此，在下一节将引入一种能够刻画多种关系的自适应核回归，同时也简要分析其特点。

4.2.3　结构自适应核回归

1) 结构自适应核回归模型

与经典核回归对比，自适应核回归的最大不同在于核函数 $K_{\boldsymbol{H}}$ 不再是径向对称或中心对称的衰落掩模，$K_{\boldsymbol{H}}$ 的形式更大程度上取决于所在的邻域的样本值和样本结构。我们可以以式 (4.21) 为基础，针对其形式简单性，推导出一种更加灵活准确的局部数据非线性组合形式。核函数具体大小和形状的确定是基于局部数据的结构信息，这里的结构信息是由局部像素之间的强度差异分析而得到的。

与上一小节推导类似，自适应核回归有着与式 (4.14) 相似的优化形式。经典核回归中矩阵 $\boldsymbol{H}$ 在图像上的作用是各向同性的，但是对于自适应核回归，矩阵 $\boldsymbol{H}$ 不再是单位矩阵与全局参数 h 的标量积。这里矩阵 $\boldsymbol{H}$ 被定义如下：

$$\boldsymbol{H}_i = h\boldsymbol{C}_i^{-\frac{1}{2}} \tag{4.22}$$

$\boldsymbol{H}_i$ 也被 Takeda 等称为方向矩阵 (steering matrix)[20]，其中，对每一个给定的样本 y_i，矩阵 $\boldsymbol{C}_i$ 被估计为邻域空间梯度向量的局部协方差矩阵。这种协方差矩阵的一种简易估计可以通过下式获得

$$\hat{\boldsymbol{C}}_i = \boldsymbol{J}_i^{\mathrm{T}}\boldsymbol{J}_i \tag{4.23}$$

这里，

$$\boldsymbol{J}_i = \begin{bmatrix} \vdots & \vdots \\ z_{X_1}(\boldsymbol{x}_j) & z_{X_2}(\boldsymbol{x}_j) \\ \vdots & \vdots \end{bmatrix} \tag{4.24}$$

式中，$z_{X_1}(\boldsymbol{x})=\dfrac{\partial z(\boldsymbol{x})}{\partial x_1}$、$z_{X_2}(\boldsymbol{x})=\dfrac{\partial z(\boldsymbol{x})}{\partial x_2}$ 分别为沿着 x_1 和 x_2 坐标轴的一阶导数，矩阵中的行数等于以兴趣点 $\boldsymbol{x}_i$ 为中心的局部分析邻域的样本数量。无疑，式 (4.23) 的方法非常简单但也常常不够稳定或出现秩亏现象。因此，对 $\boldsymbol{J}_i$ 进行奇异值分解 (singular value decomposition，SVD)来构造协方差矩阵 $\boldsymbol{C}_i$ 就成为另一种有效的方案。

基于式 (4.15)、式 (4.22) 和已估计的 $\boldsymbol{H}_i$，自适应核函数也即方向核可用下式表示为

$$K_{\boldsymbol{H}_i}(\boldsymbol{x}_i-\boldsymbol{x})=\frac{\sqrt{\det(\boldsymbol{C}_i)}}{2\pi h^2}\times\exp\left\{-\frac{1}{2h^2}(\boldsymbol{x}_i-\boldsymbol{x})^{\mathrm{T}}\boldsymbol{C}_i(\boldsymbol{x}_i-\boldsymbol{x})\right\} \tag{4.25}$$

这样，再按照式 (4.16)~式 (4.21)，就可以获得更为准确的结果。

2) 基于结构自适应核回归的超分辨率重建

由于考虑到了图像结构相关性而不仅是距离相关性，所以在图像融合 (插值) 应用中，自适应核回归比经典核回归更为优越。相应地，利用自适应核回归所进行的超分辨率重建的结果也应该更好。事实上，在超分辨率重建中不论是利用经典核回归还是结构自适应核回归，解决的都是基于融合-复原法超分辨率重建中的融合问题，并不是完成整个超分辨率重建任务。剩下的工作还应包括配准和去卷积，这些环节也是必不可少的。在本章实验部分，配准和模糊核都是假定已知的。为了更加直观完整地展现基于结构自适应核回归的超分辨率重建，表 4.1 详细给出了具体的重建流程。

表 4.1 基于结构自适应核回归的超分辨率重建

步骤 1. 输入全部带有随机亚像素平移的受噪声污染的模糊低分辨率图像序列；
步骤 2. 以一幅低分辨率图像 (通常选第一幅) 为参考帧，按亚像素精度估计出每一帧低分辨率图像的运动参数；
步骤 3. 配准：按照已知或估计出的运动参数，将所有低分辨率图像投射到一个标准高分辨率网格中，此时网格内呈现一幅高分辨率图像 $z(\boldsymbol{x})$ 且其像素为不规则分布的采样点 $\{y_i\}$；
步骤 4. 初始化：利用经典核回归对步骤 3 中标准高分辨率网格内的非均匀分布像素采样点进行融合，获得非均匀分布的高分辨率图像像素的初始估计值 $\{\hat{y}_i\}$，同时还可到相应一阶导数 $\{z_{X_1}(\boldsymbol{x}_i)\}$ 和 $\{z_{X_2}(\boldsymbol{x}_i)\}$；
步骤 5. 利用步骤 4 中获得的导数计算每个样本点的协方差矩阵 $\boldsymbol{C}_i$；
步骤 6. 根据公式 (4.25) 计算结构自适应核函数；
步骤 7. 融合：利用结构自适应核回归对上述非均匀分布的高分辨率图像 $z(\boldsymbol{x})$ 进行插值融合；
步骤 8. 去卷积：也就是对步骤 7 所得图像进行去模糊操作，使其尽可能接近原始图像，本书实验均采用 Tikhonov 正则化解卷积法

4.3　基于改进核回归的超分辨率重建

4.3.1　三边核回归

在上述的结构自适应核回归中，对相应像素确定有效权值的法则主要是基于两个因素。一个因素就是空间相关性，也就是对距离感兴趣像素点比较近的像素赋予高权值，对距离感兴趣像素点比较远的像素赋予低权值。另一个因素就是光强相关性或称结构相关性，也就是在一个局部分析窗口内，对与感兴趣像素值相比残差较小的像素赋予高权值；对与感兴趣像素值相比残差较大的像素赋予低权值。可以看出，上述赋权机制与双边滤波器空间差分赋权机制在本质上是相同的。对于图像产生过程中出现的高斯或拉普拉斯噪声，可以运用这种赋权机制很好地消除。然而在有些情况下，由于剧烈电磁干扰、配准误差、模糊估计误差、遮挡等因素的存在，使得观测的低分辨率图像包含一些异常值，表现为极亮或极暗的像素或若干像素组成的极微区域。在目前核回归的框架内，异常值的抑制并不理想。因此消除或减少异常值的有效机制还有待建立，这也是核回归框架有待解决的问题。

讨论至此，为了更有效处理观测图像中所出现的异常值，受 Lertrattanapanich 奇点剔除思想的启发[5]，我们提出了一种新的核回归框架，并将此应用于超分辨率重建中，使得算法更具鲁棒性。依照类似于式 (4.14)~式 (4.21) 的推导过程，另一种不同的公式表达将在下面予以描述，实际上，主要是对式 (4.14)~式 (4.19) 进行一些相关的改进。一个新的类似式 (4.14) 的优化公式如下：

$$\min_{\{\beta_n\}} \sum_{i=1}^{P} \left[y_i - \beta_0 - \boldsymbol{\beta}_1^{\mathrm{T}} (\boldsymbol{x}_i - \boldsymbol{x}) - \boldsymbol{\beta}_2^{\mathrm{T}} \operatorname{vech}\left\{ (\boldsymbol{x}_i - \boldsymbol{x}) (\boldsymbol{x}_i - \boldsymbol{x})^{\mathrm{T}} \right\} - \cdots \right]^2 K_{\boldsymbol{H}_i}(\boldsymbol{x}_i - \boldsymbol{x}) \times \boldsymbol{S}_i \tag{4.26}$$

将式 (4.26) 中的组合权值定义为 $\boldsymbol{w}_i = K_{\boldsymbol{H}_i}(\boldsymbol{x}_i - \boldsymbol{x}) \times \boldsymbol{S}_i$。则式 (4.19) 可修改为

$$\boldsymbol{K} = \operatorname{diag}\left[\boldsymbol{w}_1 \ \boldsymbol{w}_2 \ \cdots \ \boldsymbol{w}_P \right] \tag{4.27}$$

可以看出，式 (4.26) 和式 (4.27) 区别于式 (4.14) 和式 (4.19) 的主要部分就在于添加了一个新的权值 $\boldsymbol{S}_i$，就是用它作为检测和消除异常值的工具。事实上，权值 $\boldsymbol{S}_i$ 是赋给式 (4.26) 中相应像素残差的，其大小依据像素值的可靠性确定，因此将它称作像素置信度权值。具体来说，当 y_i 的值具有低置信度时，$\boldsymbol{S}_i$ 就取低值；相反，当 y_i 的值具有高置信度时，$\boldsymbol{S}_i$ 就取高值。$\boldsymbol{S}_i$ 的典型定义式可以表示如下：

$$\boldsymbol{S}_i = \exp\left(-\frac{(y_i - \hat{y}_i)^2}{\sigma^2} \right) \tag{4.28}$$

式中，$\hat{y}_i$ 是 y_i 的初始化估计，可以通过任意插值算法获得，插值算法包括最近邻、双线性，也可以是本章所讨论的核回归；σ 定义为一种对 $(y_i - \hat{y}_i)$ 的容忍度参数，其大小凭经验人为设定，残差小于 σ 的样本可被赋予接近于 1 的 $\boldsymbol{S}_i$，相反，那些大残差样本置信度极低，因此被赋予极小的 $\boldsymbol{S}_i$。

不难发现，式 (4.26) 中的组合权值 $\boldsymbol{w}_i = K_{\boldsymbol{H}_i}(\boldsymbol{x}_i - \boldsymbol{x}) \times \boldsymbol{S}_i$ 体现了一种类似于双边滤波器的思想，但是不同之处在于它所考虑的是三个加权因素：第一个是空间相关性；第二个是光强相关性或称结构相关性；除了以上包含于双边滤波思想的两个因素以外，第三个就是真实值和估计值之间的置信度。

基于上述组合权值的核回归，本质上就是一种基于像素置信度加权的结构自适应核回归。相应地，如果组合中的核函数是经典核函数，那么可称之为基于像素置信度加权的经典核回归。受双边滤波器命名的启发，由于组合权值 $\boldsymbol{w}_i = K_{\boldsymbol{H}_i}(\boldsymbol{x}_i - \boldsymbol{x}) \times \boldsymbol{S}_i$ 考虑了三个加权因素，所以我们将其称为三边核函数，所谓的基于像素置信度加权的结构自适应核回归就相应地称为三边核回归。

4.3.2 基于三边核回归的超分辨率重建算法流程

基于三边核回归超分辨率重建的算法流程如表 4.2 所示。

表 4.2 基于三边核回归的超分辨率重建

步骤 1. 输入全部带有随机亚像素平移的受噪声污染的模糊低分辨率图像序列；
步骤 2. 以一幅低分辨率图像 (通常选第一幅) 为参考帧，以亚像素精度估计出每一帧低分辨率图像的运动参数；
步骤 3. 配准：按照已知或估计出的运动参数，将所有低分辨率图像投射到一个标准高分辨率网格中，此时网格内呈现一幅高分辨率图像 $z(\boldsymbol{x})$ 且其像素为不规则分布的采样点 $\{y_i\}$；
步骤 4. 初始化：利用经典核回归对步骤 3 中标准高分辨率网格内的非均匀分布像素采样点进行融合，获得非均匀分布的高分辨率图像像素的初始估计值 $\{\hat{y}_i\}$，同时还可到相应一阶导数 $\{z_{X_1}(\boldsymbol{x}_i)\}$ 和 $\{z_{X_2}(\boldsymbol{x}_i)\}$；
步骤 5. 利用步骤 4 中获得的导数计算每个样本点的协方差矩阵 $\boldsymbol{C}_i$；
步骤 6. 根据公式 (4.28)、不规则分布的采样点像素 $\{y_i\}$ 及步骤 4 中获得的采样点像素初始估计值 $\{\hat{y}_i\}$ 计算出像素置信度权值 $\boldsymbol{S}_i$；
步骤 7. 根据公式 (4.25) 计算结构自适应核函数，并与像素置信度权值 $\boldsymbol{S}_i$ 组合成三边核函数 $\boldsymbol{w}_i$。
步骤 8. 融合：利用三边核回归对上述非均匀分布的高分辨率图像 $z(\boldsymbol{x})$ 进行插值融合；
步骤 9. 去卷积：也就是对步骤 7 所得图像进行去模糊操作，使其尽可能接近原始图像，本书实验均采用 Tikhonov 正则化解卷积法

4.4 实验结果与分析

4.4.1 基于三边核回归的超分辨率重建算法有效性验证

为了证明本章所提算法的有效性，我们进行了四组实验。前两组是以标准测试

图 “Lena” 为实验素材进行的实验，用若干相关算法对受不同级别退化指标降质的低分辨率图像序列进行超分辨率重建。为了验证所提算法对不同图像的适用性，后两组实验是以标准测试图 “Barbara” 为实验素材进行的，实验同样选取了若干相关算法对退化的低分辨率图像序列进行超分辨率重建。所有实验中的退化图像序列都是通过模拟方式获得的，且在模拟退化过程中或多或少都包含有一些异常值(主要是选择椒盐噪声作为异常值)，以便凸显本章所提算法对异常值消除的优越性能。下面对各组实验详细介绍。进行第一组实验，是为了具体验证三边核回归的超分辨率算法对噪声严重污染图像重建的有效性。在退化操作过程中，首先是将原始高清 “Lena” 图进行随机平移来模拟成像系统中设备的抖动，并产生 10 帧运动图像；然后用大小为 10×10、标准差 σ 为 1 的高斯掩模对上面 10 帧运动图像进行卷积，以此模拟对图像的模糊；接着以因子 3 对模糊运动图像序列进行下采样，得到低分辨率图像序列；最后，用标准差为 10 的高斯噪声和 1%的椒盐噪声 (作为异常值) 污染低分辨率图像序列，得到最终要用于重建的退化低分辨率图像序列。原始 “Lena” 图像如图 4.4(a) 所示，10 帧退化低分辨率图像中的一帧如图 4.4(b) 所示 (这里为了方便观测对比，已将其放大到与原始图同等大小)。

我们将所提的基于三边核回归 (也即基于像素置信度加权的结构自适应核回归) 超分辨率重建算法，应用到生成的图像序列重建出超分辨率图像，并与应用其他三种相关算法重建的图像进行对比，所对比的三种算法分别是：基于经典核回归的超分辨率重建算法，基于结构自适应核回归的超分辨率重建算法，基于像素置信度加权经典核回归的超分辨率重建算法。对于实验结果的评价指标，我们采用的是均方根误差 (root of mean squared error，RMSE)，定义如下：

$$\mathrm{RMSE}(f,\hat{f}) = \sqrt{\frac{1}{N}\sum\left(f-\hat{f}\right)^2} \tag{4.29}$$

式中，N 为样本数量。

从图 4.4 所示结果可以看出，图 4.4(e) 和 (f) 比图 4.4(c) 和 (d) 更加清晰，而且整体上图 4.4(c) 和 (d) 都像蒙了一层纱，特别在图 4.4(e) 和 (f) 中帽子边缘保护得要更好。另外，关于异常值，图 4.4(e) 比图 4.4(f) 处理得更好，图中少量的黑白点可以支持这一判断。同时，如表 4.3 所示，RMSE 指标也证实了所提算法的有效性。

在第二组实验中，我们运用与第一组实验相同的方法，生成了又一组模拟序列。所不同的是，这里的高斯噪声的标准差降低为 5，这样更加凸显出异常值的干扰。用此序列来重做类似前一组的实验，证明基于三边核回归超分辨率重建算法对不同级别噪声的鲁棒性。原始图像如图 4.5(a) 所示，一帧放大的退化低分辨率图像如图 4.5(b) 所示。

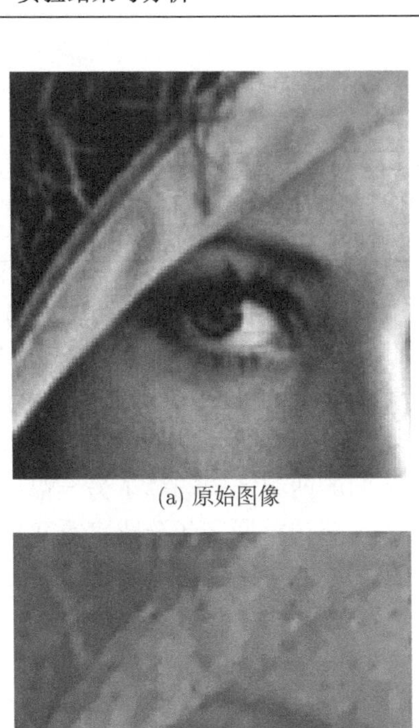

(a) 原始图像

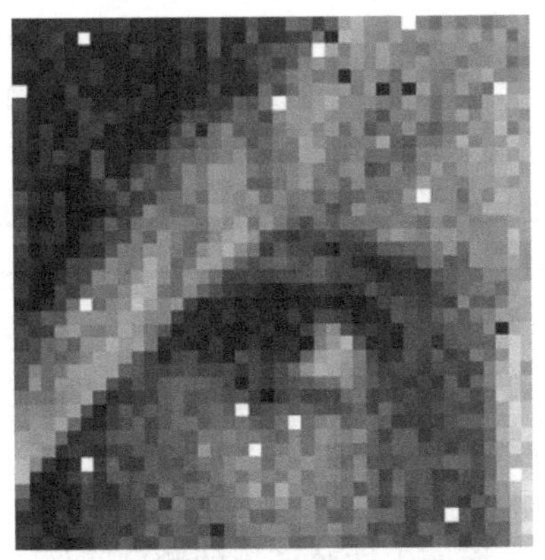

(b) 一帧退化的低分辨率图像(已放大)

(c) 基于经典核回归的超分辨率重建结果[RMSE=14.8652]

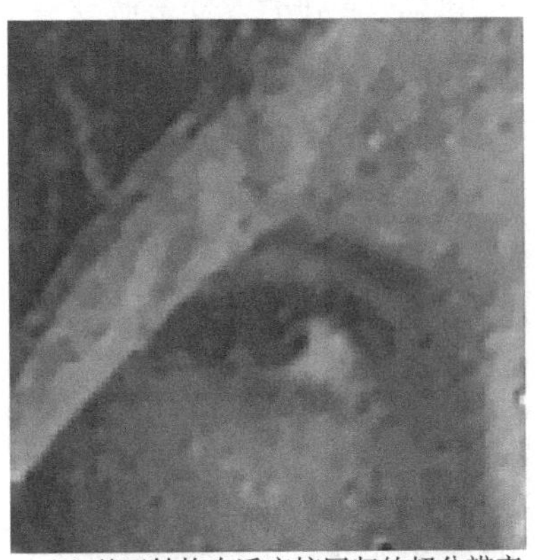

(d) 基于结构自适应核回归的超分辨率重建结果[RMSE=13.9266]

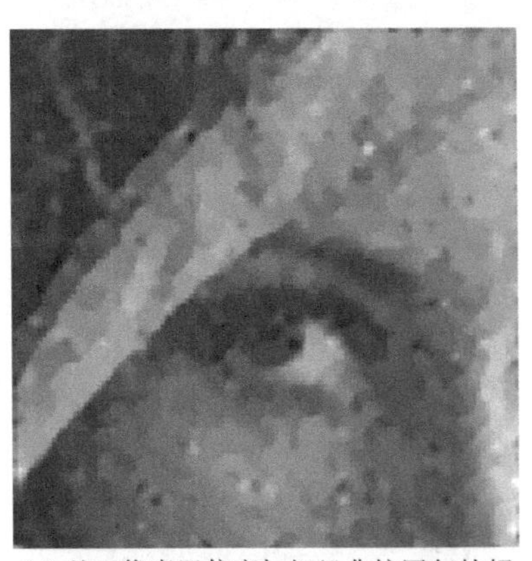

(e) 基于像素置信度加权经典核回归的超分辨率重建结果[RMSE=13.4770]

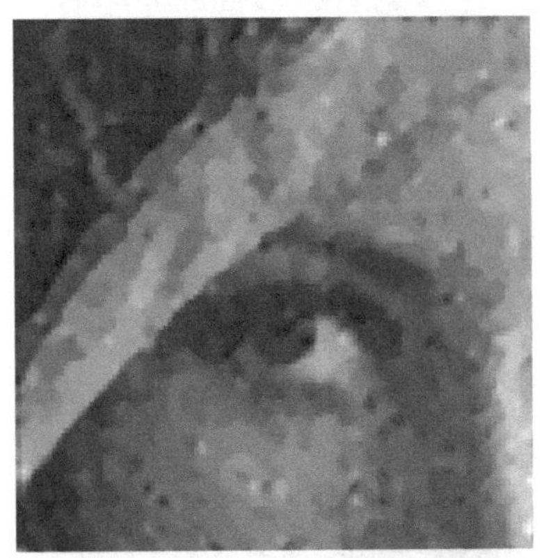

(f) 基于三边核回归的超分辨率重建结果[RMSE=13.3652]

图 4.4　对 10 帧退化低分辨率 Lena 图像序列的超分辨率重建

高斯噪声标准差为 10

表 4.3　不同方法对 Lena 图像超分辨率重建结果的 RMSE 值
(其中高斯噪声标准差为 10)

基于经典核回归的超分辨率重建	基于结构自适应核回归的超分辨率重建	基于像素置信度加权经典核回归的超分辨率重建	基于三边核回归的超分辨率重建
14.8652	13.9266	13.4770	13.3652

在图 4.5 中，可以看到 (c) 和 (d) 依然好像蒙了一层纱，而且与 (e) 和 (f) 相比蒙纱效果较第一组实验更明显。这主要是由于置信度权值的嵌入可以检出和抑制更多的异常值。特别是，(f) 比 (e) 更接近于原始图像，主要是因为 (f) 使用了三边核回归的策略。同时，如表 4.4 所示，RMSE 指标也证实了所提算法的有效性。

与上面两组实验所用的测试图像不同，下面的两组实验选择了另一幅标准测试图 “Barbara” 来进行，这主要是为了验证基于三边核回归超分辨率重建算法对不同强度异常值的抑制作用以及对各种图源的适用性。实验中所对比的算法，依然与前两组实验相同。

(a) 原始图像

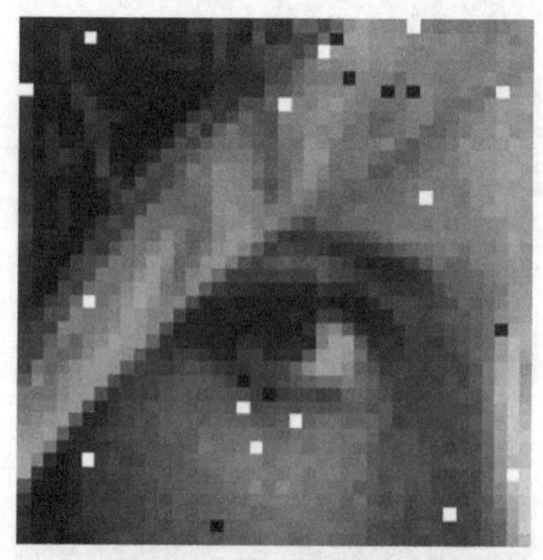
(b) 一帧退化的低分辨率图像(已放大)

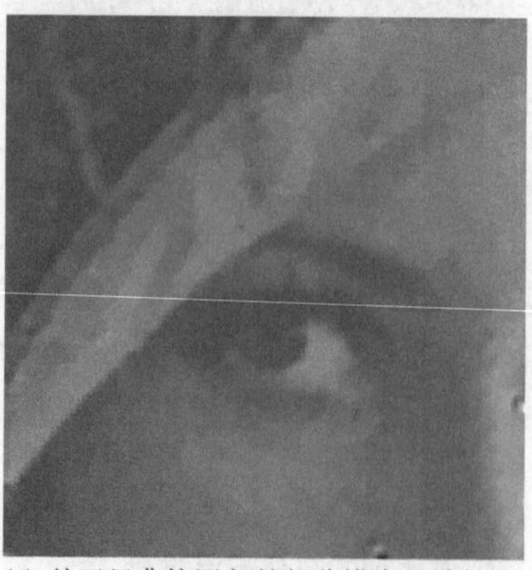
(c) 基于经典核回归的超分辨率重建结果 [RMSE = 10.9703]

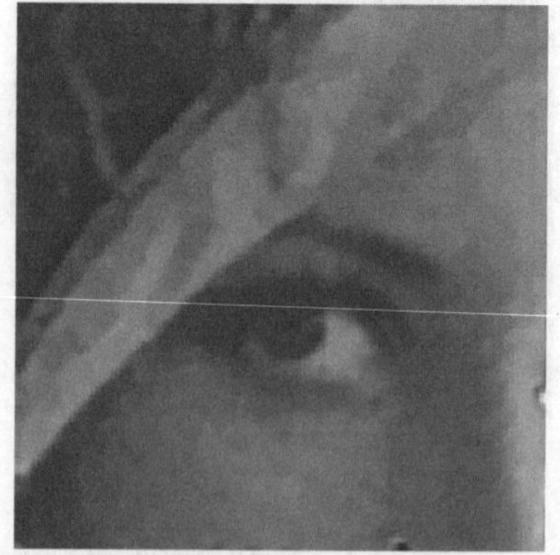
(d) 基于结构自适应核回归的超分辨率重建结果[RMSE = 10.3455]

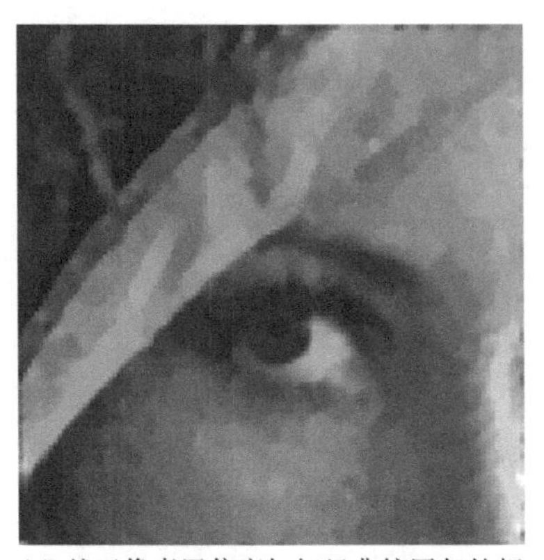

(e) 基于像素置信度加权经典核回归的超分辨率重建结果[RMSE＝9.5000]

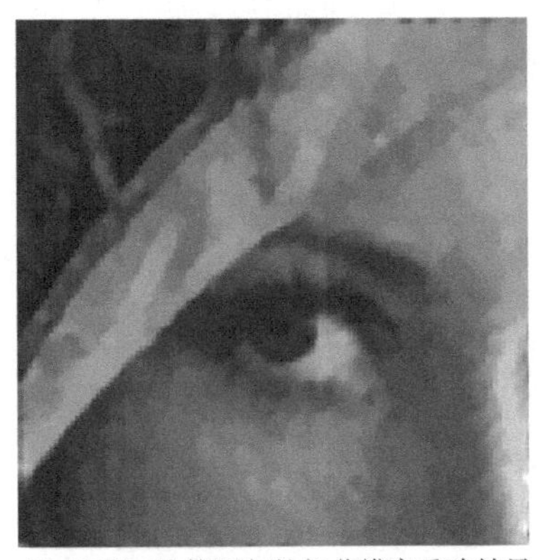

(f) 基于三边核回归的超分辨率重建结果[RMSE＝9.3993]

图 4.5 对 10 帧退化低分辨率 Lena 图像序列的超分辨率重建

高斯噪声标准差为 5

表 4.4 不同方法对 Lena 图像超分辨率重建结果的 RMSE 值

(其中高斯噪声标准差为 5)

基于经典核回归的超分辨率重建	基于结构自适应核回归的超分辨率重建	基于像素置信度加权经典核回归的超分辨率重建	基于三边核回归的超分辨率重建
10.9703	10.3455	9.5000	9.3993

第三组实验主要是为了验证三边核回归超分辨率重建算法对于抑制低强度异常值的有效性。实验中，生成低分辨率图像序列的方法与第二组实验相同。实验结果如图 4.6 所示，可看出对于更换了的图源，三边核回归超分辨率重建算法与其他算法相比依然保持良好性能。根据实验结果所计算出的 RMSE 指标列于表 4.5 中，也印证了上述结论。

(a) 原始图像

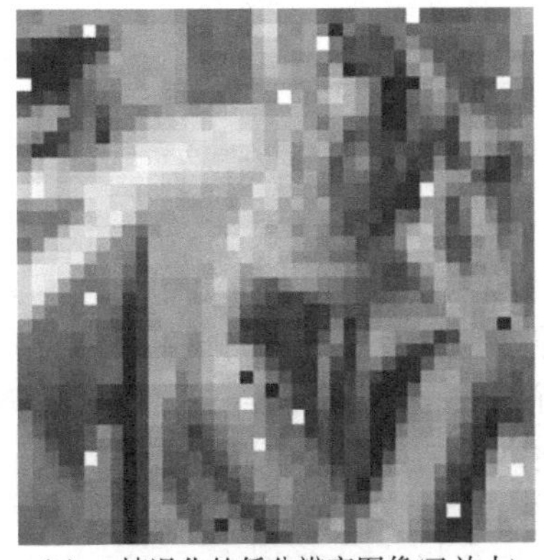

(b) 一帧退化的低分辨率图像(已放大)

(c) 基于经典核回归的超分辨率重建结果 [RMSE = 15.8266]

(d) 基于结构自适应核回归的超分辨率重建结果[RMSE = 15.5067]

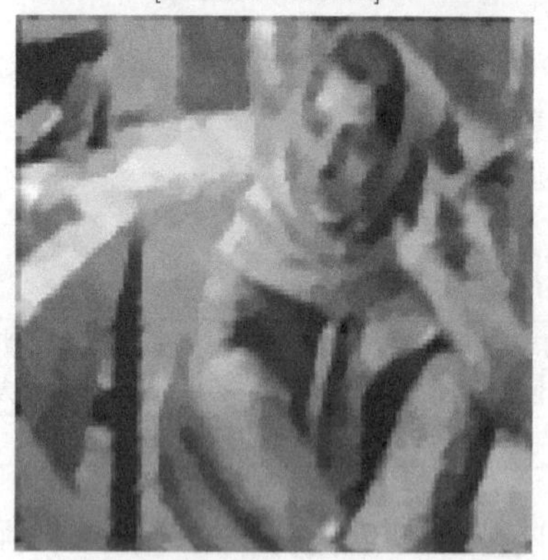

(e) 基于像素置信度加权经典核回归的超分辨率重建结果[RMSE = 14.6025]

(f) 基于三边核回归的超分辨率重建结果 [RMSE = 14.5031]

图 4.6　对 10 帧退化低分辨率 Barbara 图像序列的超分辨率重建
椒盐噪声为 1%

表 4.5　不同方法对 Barbara 图像超分辨率重建结果的 RMSE 值
(其中椒盐噪声为 1%)

基于经典核回归的超分辨率重建	基于结构自适应核回归的超分辨率重建	基于像素置信度加权经典核回归的超分辨率重建	基于三边核回归的超分辨率重建
15.8266	15.5067	14.6025	14.5031

最后一组实验，我们对第三组实验中序列模拟生成的异常值强度进行了提高，将图像受椒盐噪声干扰的强度由 1%调为 3%，以便进一步证实所提算法对强异常值干扰依然有效。实验结果如图 4.7 所示。可以看出，与第三组实验相比实验结果的蒙纱效果都较突出，这也是由于椒盐噪声干扰的强度升高所致。正如所预计，图 4.7(f) 与图 4.7(c)~(e) 相比，表现出较高的优越性。根据实验结果所计算出的 RMSE 评价指标列于表 4.6 中，同样证实了所提算法的优越性。

(a) 原始图像

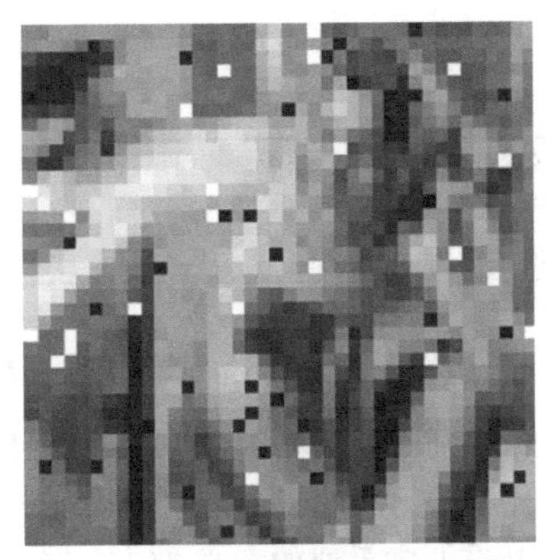

(b) 一帧退化的低分辨率图像(已放大)

(c) 基于经典核回归的超分辨率重建结果[RMSE = 20.4670]

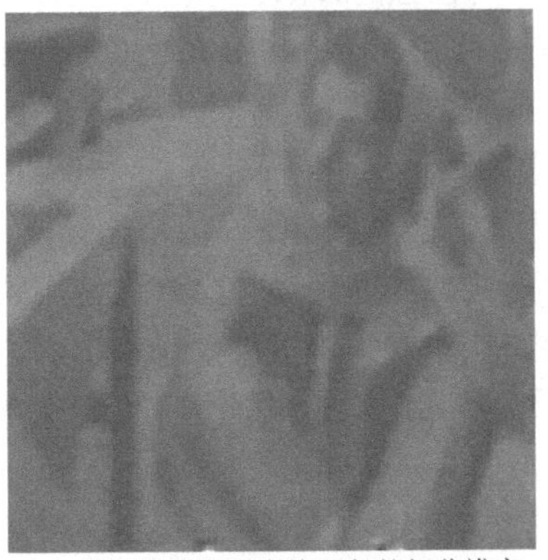

(d) 基于结构自适应核回归的超分辨率重建结果[RMSE = 19.7877]

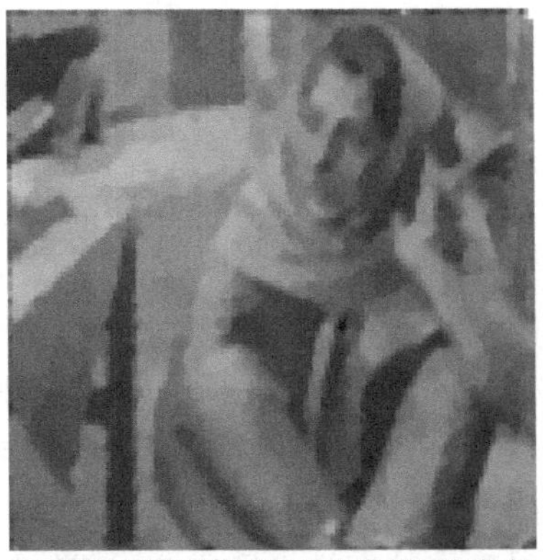

(e) 基于像素置信度加权经典核回归的超分辨率重建结果[RMSE = 15.1208]

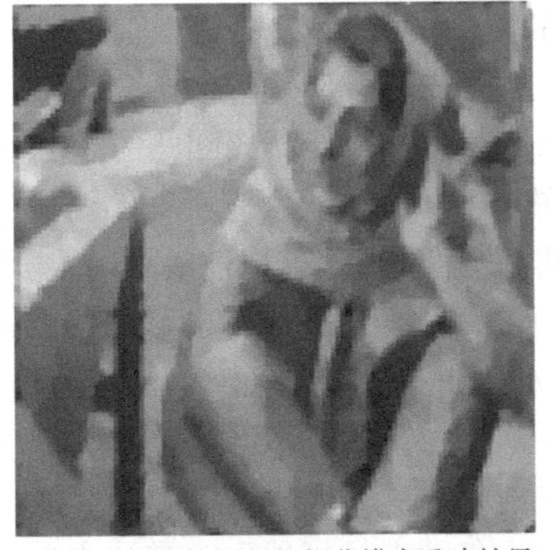

(f) 基于三边核回归的超分辨率重建结果[RMSE = 14.8410]

图 4.7 对 10 帧退化低分辨率 Barbara 图像序列的超分辨率重建

椒盐噪声为 3%

表 4.6 不同方法对 Barbara 图像超分辨率重建结果的 RMSE 值
(其中椒盐噪声为 3%)

基于经典核回归的超分辨率重建	基于结构自适应核回归的超分辨率重建	基于像素置信度加权经典核回归的超分辨率重建	基于三边核回归的超分辨率重建
20.4670	19.7877	15.1208	14.8410

4.4.2 三边核回归超分辨率重建算法在水上桥梁遥感识别中的应用实验

利用高质量的遥感图像检测地面目标，已被广泛应用于国防、经济建设以及环境保护中。桥梁是重要的人工建筑之一，对水上桥梁目标的检测和识别，在军事和民用上都有非常重要的意义。但是，就现有的文献看，对水上桥梁的识别尚没有效果好、适用性强的方法[21,22]。改善水上桥梁识别的效果，除了对相关图像检测和识别算法进行深入研究提高精度以外，遥感图像识别前的预处理对于识别准确度也起着至关重要的作用。

图像目标识别前预处理的一个关键任务就是提高图像质量。由于搭载于对地观测卫星上的数字成像设备长期暴露于宇宙粒子的影响之中，且受地球大气湍流的干扰，成像的退化影响比普通应用领域更甚，图像中有可能出现大量异常信号。为了在任何情况下都能准确识别出水上桥梁的位置、方位和状态，有必要应用超分辨率重建技术对获取的遥感图像进行重建。这是超分辨率重建技术在水工结构工程上的一个典型应用。

在这组应用性实验中，我们将所提的基于三边核回归 (也即基于像素置信度加权的结构自适应核回归) 超分辨率重建算法，应用到一个模拟退化的含有桥梁的江面遥感图像序列上，并与应用其他三种相关算法重建的图像进行对比，以验证所提算法在水上桥梁的遥感图像识别应用中的有效性。所对比的三种算法分别是：基于经典核回归的超分辨率重建算法，基于结构自适应核回归的超分辨率重建算法，基于像素置信度加权经典核回归的超分辨率重建算法。

图 4.8(a) 为一幅含有桥梁的江面遥感原始图像，图 4.8(b) 为一帧模拟退化的低分辨率图像。退化模拟依次采用了随机平移、模糊核为 $[1\ 4\ 6\ 4\ 1]^{\mathrm{T}}[1\ 4\ 6\ 4\ 1]/256$ 卷积模糊、采样因子为 3 的下采样以及 5%的椒盐噪声作为异常值，最后得到 10 帧模拟退化的低分辨率图像。从实验结果可以看出，基于经典核回归的超分辨率重建结果 (图 4.8(c)) 整体仍然较为模糊，水面上桥梁很难辨认出来；基于结构自适应核回归的超分辨率重建结果 (图 4.8(d)) 水面上的桥梁已经能够辨认出来，但桥梁上的两个斜拉索柱仍然无法辨认出来；基于像素置信度加权经典核回归的超分辨率重建结果 (图 4.8(e)) 由于采用了像素置信度加权，质量有所提升，桥梁上的两个斜拉索柱已依稀辨出，但有稍许异常值没有被有效抑制；本书所提算法的重建结果 (图 4.8(f)) 与图 (c)、(d) 和 (e) 重建结果相比，重建效果最好，斜拉索柱更加明显，

这样就满足了后续模式识别程序的操作要求。

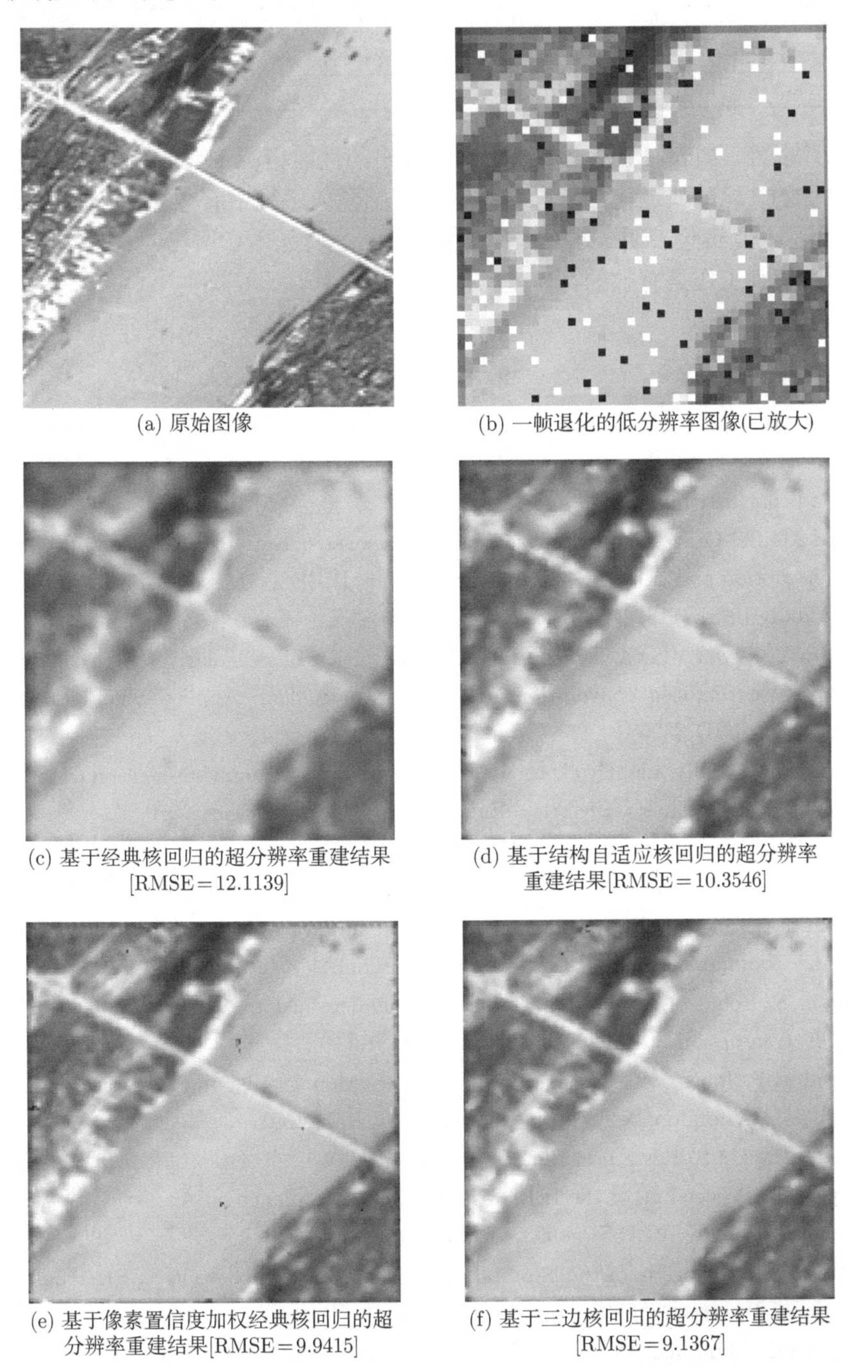

(a) 原始图像

(b) 一帧退化的低分辨率图像(已放大)

(c) 基于经典核回归的超分辨率重建结果[RMSE＝12.1139]

(d) 基于结构自适应核回归的超分辨率重建结果[RMSE＝10.3546]

(e) 基于像素置信度加权经典核回归的超分辨率重建结果[RMSE＝9.9415]

(f) 基于三边核回归的超分辨率重建结果[RMSE＝9.1367]

图 4.8　对 10 帧退化低分辨率水面遥感图像序列的超分辨率重建

表 4.7　不同方法对水面遥感图像超分辨率重建结果的 RMSE 值

基于经典核回归的超分辨率重建	基于结构自适应核回归的超分辨率重建	基于像素置信度加权经典核回归的超分辨率重建	基于三边核回归的超分辨率重建
12.1139	10.3546	9.9415	9.1367

除此以外，如表 4.7 所示，通过所计算出的性能指标 RMSE 也可验证本章算法是最优的，能够从退化的低分辨率水面遥感图像序列中有效重建出较高质量的图像。综上，此实验表明了超分辨率重建技术，尤其是本章所提的算法，对于水工结构物的识别工作是有效的。

参 考 文 献

[1] Alam M S, Bognar J G, Hardie R C. Infrared image registration and high-resolution reconstructionusing multiple translationally shifted aliased video frames. IEEE Transactions on Instrumentation and Measurement, 2000, 49(5): 915-923.

[2] Elad M, Hel-Or Y. A fast super-resolution reconstruction algorithm for pure translational motion and common space invariant blur. IEEE Transactions on Image Processing, 2001, 10(8): 1187-1193.

[3] Pham T Q, van Vliet L J, Schutte K. Robust fusion of irregularly sampled data using adaptive normalized convolution. EURASIP Journal on Applied Signal Processing, 2006, Article ID 83268.

[4] Takeda H. Locally adaptive kernel regression methods for multi-dimensional signal processing. Ph. D. Thesis, Electrical Engineering, UC Santa Cruz, 2010.

[5] Bose N K, Lertrattanapanich S, Koo J. Advances in superresolution using L-curve. In Proceedings of International Symposium Circuits and Systems, 2001, 2: 433-436.

[6] Chan T F, Shen J. Nontexture inpainting by curvature-driven diffusions. Journal of Visual Communication and Image Representation, 2001, 12(10): 436-449.

[7] Farsiu S, Robinson D, Elad M, et al. Fast and robust multi-frame super-resolution. IEEE Transaction on Image Processing, 2004, 13(10): 1327-1344.

[8] Wand M P, Jones M C. Kernel Smoothing, ser. Monographs on Statistics and Applied Probability. London; New York: Chapman and Hall, 1995.

[9] Yee P, Haykin S. Pattern classification as an ill-posed, inverse problem: a reglarization approach. Proceeding of the IEEE International Conference on Acoustics, Speech, and Signal Processing, ICASSP, 1993, 1: 597-600.

[10] Elad M. On the origin of the bilateral filter and ways to improve it. IEEE Transactions on Image Processing, 2002, 11(10): 1141-1150.

[11] Tomasi C, Manduchi R. Bilateral filtering for gray and color images. In Proc. IEEE Int. Conf. Computer Vision, New Delhi, India, 1998: 836-846.

[12] Li X, Orchard M T. New edge-directed interpolation. IEEE Transactions on Image Processing, 2001, 10(10): 1521-1527.

[13] Bose N K, Ahuja N. Superresolution and noise filtering using moving least squares. IEEE Transactions on Image Processing, 2006, 15(8): 2239-2248.

[14] Wand M P, Jones M C. Kernel Smoothing, ser. Monographs on Statistics and Applied Probability. London; New York: Chapman and Hall, 1995.

[15] Silverman B W. Density Estimation for Statistics and Data Analysis, ser. Monographs on Statistics and Applied Probability. London; New York: Chapman and Hall, 1986.

[16] Hardle W. Applied Nonparametric Regression. Cambridge [England]; New York: Cambride University Press, 1990.

[17] Hardle W, Muller M, Sperlich S, et al. Nonparametric and Semiparametric Models, ser. Springer Series in Statistics. Berlin; New York: Springer, 2004.

[18] Hardle W. Smooting Technique: with Implementation in S, ser. Springer Series in Statistics. New York: Springer-Verlag, 1991.

[19] Nadaraya E A. On estimating regression. Theory of Probability and its Applications, 1964: 141-142.

[20] Takeda H, Farsiu S, Milanfar P. Kernel regression for image processing and reconstruction. IEEE Transactions on Image Processing, 2007, 16(2): 349-366.

[21] 苗启广, 翁文奇, 许鹏飞. 遥感图像中无水桥梁识别新算法. 电子学报, 2011, 39(7): 1698-1701.

[22] 闫晓珂, 史彩成, 赵保军, 等. 基于分形和背景知识挖掘的红外图像水上桥梁目标识别. 系统工程与电子技术, 2007, 29(7): 1031-1033, 1081.

第5章 基于特征驱动先验的 MAP 分块超分辨率重建

为了解决数字成像中的模糊及噪声问题，去模糊 (也即数学中的解卷积运算) 是必不可少的。在诸多解卷积运算方法中，最大后验 (MAP) 法引入了图像的先验信息，而且遵循了严格的贝叶斯概率推理，因此成为最常应用的去模糊方法。基于 MAP 法的超分辨率重建也就更适于解决模糊及噪声问题[1-7]，本章仍将讨论基于 MAP 的超分辨率重建，并研究先验 (正则项) 的建模问题。与第 4 章不同的是，本章对先验 (正则项) 建模不再依据主观原则，而是根据图像自身数据和特征的反馈进行先验建模，这样使得模型更加客观和准确。

为了改善 MAP 方法的性能，有许多图像的先验模型被提出。例如：基于高斯马尔可夫随机场 (Gaussian Markov random field，GMRF) 的先验模型[8,9] 假设图像先验服从高斯分布并且对超分辨率重建图像的梯度进行判罚；采用重尾思想的总变分 (total variation，TV) 先验模型可以避免重建图像在非连续点处出现过平滑现象；作为总变分先验模型的改进版，双边总变分 (bilateral TV，BTV) 先验模型[10,11] 不仅考虑了像素间的强度差异，而且考虑了相关像素之间的距离测度，因而可以更好地消除图像中的伪像。本质上讲，以上所述先验模型可以根据其范数的指数取值，而被简化为两种基本的模型[12]。具体来说，当指数值取 2 时，先验模型为高斯 (Gaussian) 模型；当指数值取 1 时，先验模型为拉普拉斯 (Laplacian) 模型。本章将这两种基本模型联合命名为不变先验 (constant prior)。

如上所述，传统的带有不变先验的 MAP 方法被广泛使用。然而，这其中却存在着一些亟待解决的问题：① 不变先验的两种基本模型在具体操作中选取哪一种，完全都是依赖于经验假设甚至是随机的，没有可靠的证据来支撑；② 传统 MAP 框架下的不变先验，是对图像像素统计特征的整体刻画，因而并没有考虑图像中不同区域统计特征的差别。

为了解决上述问题①，本章提出了一种可变先验 (variable prior) 模型，其本质是两种不变先验模型的混合。可变先验模型的形式完全取决于图像自身的像素统计特征，因此本章也将可变先验模型称为特征驱动先验(feature-driven prior) 模型。另外，为了解决上述问题②，本章还提出一种分块 MAP 框架。此框架将图像分成若干子图像块，根据每个子图像块自身的特征来构造最适合它的特征驱动先验，然后对子图像块进行超分辨率重建，最后再重组所有子图像。这一框架考虑了图像特征的区域差异，因此可以改善重建结果。还有一点需要说明的是，应用上述方法重建图像，有时会在结果中出现一些十字伪影。为了消除这些伴随结果出现的副产品，本书还设计了一种通过子图像块扩边实现去伪影的方案，实验也表明是有效的。

本章余下部分的组织结构如下：第 1 节简要介绍一下基于 MAP 框架的超分辨率重建及其所引先验的模型描述；第 2 节通过分析不变先验模型的不足，提出了可变先验模型也即特征驱动先验模型的构建方法，并且给出了基于分块 MAP 的超分辨率重建框架，最后针对十字伪影设计了子图像块扩边方案；第 3 节组织了若干实验并对比了其他相关方法，对所提方法的有效性进行验证。

5.1　基于 MAP 框架的超分辨率重建

为了描述超分辨率重建中的 MAP 框架，首先将 K 帧观测图像序列表示为 $\{y_t\}_{t=1}^K$，将所要求解的高分辨率原始图像表示为 x。这时，低分辨率观测图像序列的生成模型就可用下面的公式来表达：

$$y_t = F_t x + n_t, \quad t = 1, 2, \cdots, K \tag{5.1}$$

式中，F_t 表示退化矩阵 (这里的退化包括畸变、模糊和降采样)，n_t 表示均值为 0、方差为 $1/\beta$ 的高斯白噪声。

事实上，基于 MAP 框架的求解是由贝叶斯理论所推导得出。也就是说，给定 $\{y_t\}_{t=1}^K$ 和 $\{F_t\}_{t=1}^K$，x 的后验分布可以被表示为

$$p(x \,|\, \{y_t\}_{t=1}^K) = \frac{p(\{y_t\}_{t=1}^K \,|\, x) p(x)}{p(\{y_t\}_{t=1}^K)} \tag{5.2}$$

式中，由于 $\{y_t\}_{t=1}^K$ 是常数，对式 (5.2) 关于 x 的最大化等价于对式 (5.2) 分子部分的对数关于 x 进行最大化。因此，超分辨率重建的 MAP 解可以通过迭代方式对下述代价函数进行最小化来求得[12]

$$C = \frac{\beta}{2} \sum_{t=1}^{K} \|y_t - F_t x\|_2^2 - \log(p(x)) \tag{5.3}$$

式 (5.3) 实际上可看作 ML 代价函数和正则化项的结合，它们分别对应于式 (5.3) 中的第一项和第二项。其中，正则化项中的多元概率分布 $p(x)$ 表征的就是图

像的先验，一般情况下，它可以被表示为以下两种模型或它们的变种：

$$\text{高斯模型: } p_{\mathrm{G}}(x) = (2\pi)^{-\frac{N}{2}} \left|\boldsymbol{\Gamma}^{\mathrm{T}}\boldsymbol{\Gamma}\right|^{\frac{1}{2}} \exp\left\{-\frac{\|\boldsymbol{\Gamma}x\|_2^2}{2}\right\} \tag{5.4}$$

$$\text{拉普拉斯模型: } p_{\mathrm{L}}(x) = 2^{-N} \left|\boldsymbol{\Gamma}^{\mathrm{T}}\boldsymbol{\Gamma}\right|^{\frac{1}{2}} \exp\left\{-\|\boldsymbol{\Gamma}x\|_1^1\right\} \tag{5.5}$$

式中，N 为图像 x 的像素数；$\boldsymbol{\Gamma}$ 为算子矩阵，可以计算出图像 x 在若干方向上的梯度。在已有的基于 MAP 框架的超分辨率重建文献中[8,10,11,13-15]，均是以上模型或其变种被用作图像先验，也就是本章所说的不变先验。

5.2 基于新型先验的 MAP 分块超分辨率重建

5.2.1 不变先验模型的不足

事实上，由于不变先验两个基本模型具体选择哪一种是靠经验选择的，具有很大的随机性，要想依赖于不变先验准确刻画图像的统计特征是很难的。另外，模型格式化的表达形式，也使得不变先验缺乏灵活性与适应性，出现一些固有的问题和缺陷。

经过深入分析，可以发现上述模型 (5.4) 和 (5.5) 不仅可以是多元随机变量 x 的概率分布，同时也可以是另外一种多元随机变量的概率分布。这种多元随机变量就是图像在若干不同方向上的梯度，也即式中的 $\boldsymbol{\Gamma}x$，将此梯度记为 $x_g = \boldsymbol{\Gamma}x$，其维数用 N_g 表示。一般情况下，x_g中的各个变量元素是近似独立同分布的，其均值为 0，标准差设为 σ_{G}(高斯模型) 或 σ_{L}(拉普拉斯模型)。由此，利用随机变量函数理论，x_g 的概率分布可以从式 (5.4) 和式(5.5) 推导得出，表达式如下：

$$\text{高斯模型: } p_{g\mathrm{G}}(x_g) = (2\pi)^{-\frac{N_g}{2}} \exp\left\{-\frac{\|x_g\|_2^2}{2}\right\} \tag{5.6}$$

$$\text{拉普拉斯模型: } p_{g\mathrm{L}}(x_g) = 2^{-N_g} \exp\left\{-\|x_g\|_1^1\right\} \tag{5.7}$$

问题在于，从模型 (5.6) 和 (5.7)，我们可以看出 x_g 的标准差，即式 (5.6) 中的 σ_{G} 和式 (5.7) 中的 σ_{L} 是相同的且都等于 1，这并不能准确反映图像像素的统计特征。当然，在传统的基于 MAP 框架的超分辨率重建中，由于通过调整附加的正则化参数可以得到满意的结果，从而使问题并不凸显且可承受。然而，如果严格将式 (5.6) 和式 (5.7) 代入式 (5.3) 中，这一正则化参数是不存在的。因此，若图像先验模型不能准确刻画图像的统计特征，那么超分辨率重建的结果就不能够接受。

对图像而言，σ_{G} 或 σ_{L} 等于 1 的情况是一种小概率事件，另外，σ_{G} 总是等于 σ_{L} 更是极不合理的。因此，对 x_g 来讲，更为实用的先验形式为

$$\text{高斯模型: } p_{P_{g\mathrm{G}}}(x_g) = (2\pi\sigma_{\mathrm{G}}^2)^{-\frac{N_g}{2}} \exp\left\{-\frac{\|x_g\|_2^2}{2\sigma_{\mathrm{G}}^2}\right\} \tag{5.8}$$

$$\text{拉普拉斯模型: } p_{P_{g\mathrm{L}}}(x_g) = (2\sigma_{\mathrm{L}})^{-N_g} \exp\left\{-\frac{\|x_g\|_1^1}{\sigma_{\mathrm{L}}}\right\} \tag{5.9}$$

5.2.2 特征驱动的先验模型

从以上分析可以确定，x_g 中变量的标准差σ_{G} 或 σ_{L} 就是图像先验的核心特征，如果估计出了标准差，接下来可以用它来确定先验的模型。这里，我们首先分别用 x_{S} 和 $x_{g\mathrm{S}}$ 来表示图像 x 和梯度 x_g 的样本。那么，给定 $x_{g\mathrm{S}}$(也即给定 Γx_{S})，模型 (5.8) 和 (5.9) 中标准差的最大似然 (ML)估计就可如下表示：

$$\hat{\sigma}_{\mathrm{G}} = \sqrt{\frac{\|x_{g\mathrm{S}}\|_2^2}{N_g}} \tag{5.10}$$

$$\hat{\sigma}_{\mathrm{L}} = \frac{\|x_{g\mathrm{S}}\|_1^1}{N_g} \tag{5.11}$$

本章中，图像和梯度的样本 x_{S}和 $x_{g\mathrm{S}}$ 来源于超分辨率重建迭代过程中的初始估计图像。这一样本设定优于将近似纹理图像作为样本的设定，这是因为初始图像与真实图像有着内在的理论联系，相较于视觉上近似纹理的图像，其更接近真实图像。

下面我们来讨论具体情况下哪一个模型更加适合用作先验。这里用符号 $M \in \{M_{\mathrm{G}}, M_{\mathrm{L}}\}$ 来定义先验模型，其中 M_{G} 表示高斯先验模型，M_{L} 表示拉普拉斯先验模型。这时，M 的后验概率为

$$p(M \mid x_{g\mathrm{S}}) = \frac{p(x_{g\mathrm{S}} \mid M)p(M)}{p(x_{g\mathrm{S}})} \tag{5.12}$$

式中，$p(x_{g\mathrm{S}})$ 为归一化常数；$p(M)$ 为 M 不带任何附加条件的先验。简单而合理的假设就是 M 服从均匀分布，由此得出：

$$p(x_{g\mathrm{S}}) = \text{常量}; \quad p(M_{\mathrm{G}}) = p(M_{\mathrm{L}}) = \frac{1}{2} \tag{5.13}$$

利用式 (5.12) 和式 (5.13)，较为适合用作先验的模型可由下式确定：

$$\hat{M} = \arg\max_{M} p(M \mid x_{gS}) = \arg\max_{M} p(x_{gS} \mid M) \tag{5.14}$$

由于 M 仅有两个选项，式 (5.14) 可转化为如下比例形式的判定标准：

$$R = \frac{p_{P_{gG}}(x_{gS})}{p_{P_{gL}}(x_{gS})} \tag{5.15}$$

式中，$p_{P_{gG}}(x_{gS}) = p(x_{gS} \mid M_{G})$，$p_{P_{gL}}(x_{gS}) = p(x_{gS} \mid M_{L})$。通过 R，不仅可以表明哪个模型更适合于所研究的图像，而且可以确定混合先验中两个模型的比例。例如，当 $R > 1$，也就是当高斯模型的概率大于拉普拉斯模型时，先验中高斯模型所占的比例会更多；反之亦然。考虑式 (5.8)~式 (5.11)，式 (5.15) 可被简化为

$$R = \left(\frac{\sqrt{2e}\hat{\sigma}_{L}}{\sqrt{\pi}\hat{\sigma}_{G}} \right)^{N_g} \tag{5.16}$$

参考式 (5.3)、式 (5.8)、式 (5.9) 和式 (5.16)，一个新的代价函数被构造为如下形式：

$$C = \frac{\beta}{2} \sum_{t=1}^{T} \|y_t - F_t x\|_2^2 + \frac{1}{R+1} \times \frac{\|\Gamma x\|_1^1}{\hat{\sigma}_{L}} + \frac{R}{R+1} \times \frac{\|\Gamma x\|_2^2}{2\hat{\sigma}_{G}^2} \tag{5.17}$$

式 (5.17) 中，后两项正对应于形式灵活的可变先验模型，也就是我们所命名的特征驱动的先验。当 R 趋近于 0 时，先验取拉普拉斯型的；当 R 趋近于正无穷大时，先验取高斯型的；当 R 取适中数值时，先验就是混合型的。

5.2.3　用于超分辨率重建的分块 MAP 框架

根据上述分析，特征驱动的先验的构建来源于整个图像的全部数据，因此先验刻画的是整体图像而忽略了图像中各区域间的特征差别。本小节提出了一种分块 MAP 框架用于超分辨率重建，此框架将图像变成由众多子块构成的棋盘格形式，每个子块图像都被赋予一个特有的特征驱动的先验。

将上述分块框架应用于超分辨率重建，构建了基于特征驱动先验的 MAP 分块超分辨率重建 (block-based MAP super-resolution using feature-driven prior，BM-SFP) 算法，其流程如下所述：

(1) 利用移加算法 (shift and add algorithm)[10] 估计超分辨率重建的初始图像。

(2) 将初始图像分割成 $p \times q$ 个子图像块，形成一个棋盘格的样式，p 为子图像块的行数，q 为子图像块的列数。

(3) 计算每个子图像块的特征统计量，包括 σ_{G}, σ_{L} 和 R，用以确定每个子图像块的特征先验模型。分成块的棋盘格图像和它们各自独有的特征驱动先验的分配示意图如图 5.1 所示。

(a) 初始图像

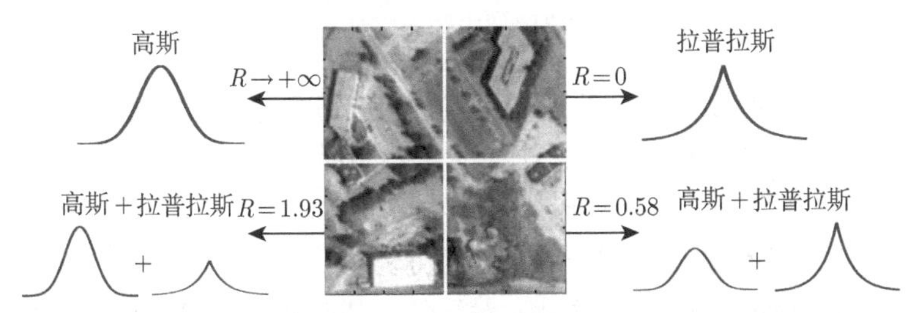

(b) 被分割为2×2子图像块的初始图像(每个块指出了其独有的特征驱动的先验模型)

图 5.1 初始图像和带有特征驱动先验的分割图像示意图

(4) 利用式 (5.17)，根据每个子图像块的特征统计量，构造分块的代价函数为

$$C_i=\frac{\beta}{2}\sum_{t=1}^{T}\|y_t-F_{ti}x_i\|_2^2+\frac{1}{R_i+1}\times\frac{\|\Gamma x_i\|_1^1}{\hat{\sigma}_{\mathrm{L}i}}+\frac{R_i}{R_i+1}\times\frac{\|\Gamma x_i\|_2^2}{2\hat{\sigma}_{\mathrm{G}i}^2},\quad i=1,2,\cdots,p\times q \tag{5.18}$$

式中，F_{ti} 为 F_t 的压缩版本，也就是对 F_t 中的一些不相关的列进行了删除。

(5) 在步骤 (1)~(4) 所描述的分块 MAP 框架下，每个子图像块可以通过优化式 (5.18) 来进行分块超分辨率重建。

(6) 将所有子图像块超分辨率重建的结果进行重组，得到一幅理想的超分辨率完整图像。

5.2.4 十字伪影及解决方法

理论上讲，5.2.3 节所提的方法用在超分辨率重建上是可行的。然而，在实践中，用上述方法所重建的图像中有时会出现一些伪影。伪影主要出现于相邻块的拼合处，因此呈现出一系列十字形状。本书将此现象称为“十字伪影”，它通常会降低最终重建图像的质量，甚至有时在极端情况下使重建图像质量低于用于迭代的初始图像。为了使这一现象更加直观，我们在图 5.2 中给出了一个极端实验的结果。

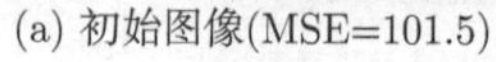

(a) 初始图像(MSE=101.5)　　(b) 具有十字伪影的重建图像(MSE＝115)

图 5.2　重建图像中的十字伪影示意图

从图 5.2(b) 中可以很明显看到十字亮线，使得重建结果质量很低，无论从视觉判断还是从指标对比都要比用于迭代的初始图图 5.2(a) 要差，这里所使用的定量数值指标为均方误差 (mean square error，MSE)。

显然，消除十字伪影这一副产品是必要的。这就要搞清楚十字伪影来自哪里且如何产生的。经过深入观察可以发现：对于任一超分辨率重建的结果，图像边界的平均灰度级别通常不同于图像的其他区域，本书将这种现象称作边界效应。产生这一效应的原因主要是由于较少的邻域像素 (仅有三个甚至两个邻域方向) 参与对边界像素的估计，而对于其他区域像素的估计能够保证有全部四个方向的邻域像素参与。基于以上分析，无疑对于分块 SRR 中的每个块也会出现边界效应。相应地，当所有的 SRR 块被重组为完整的超分辨率图像时，由于边界效应的存在，相邻块之间的结合处自然就会出现前述的十字伪影。至此，可以得出：十字伪影实际上来自于每个 SRR 块的边界效应。

随着十字伪影的来源被揭示，消除它的路径也逐渐明确。事实上，这里的关键就在于调整块的大小。具体为：在分割初始图像时，每个块保留边界外 w 像素宽度的所有像素，也即每个块都向外扩大了 w 像素宽度。这就使得相邻块都有 $2w$ 宽度的边界是重合的。当然，这些扩边的块在超分辨率重建后依然有边界效应，而且由于边界的重合不能直接进行重组。这时，每个块可以切掉 w 像素宽度的边界，使得重组可以进行。与此同时，块的边界效应也随着切边操作而有效地去除了，因此最终避免了十字伪影出现在重组的超分辨率图像上面。

至此，当超分辨率重建图像中出现十字伪影时，我们给出了如表 5.1 所述完整的具有去伪影功能的 BMSFP(artifact removal BMSFP，AR-BMSFP) 算法程序概览。

表 5.1 AR-BMSFP 算法程序概览

目标：估计超分辨率图像 x
输入： 低分辨率图像序列 $\{y_t\}_{t=1}^{K}$；退化矩阵 $\boldsymbol{F}_t$；扩边宽度 w；子图像块的行数 p；子图像块的列数 q
初始化：利用移加算法估计初始图像 x^0
分块： 将初始图像 x^0 分成 $p\times q$ 个初始子图像； 将每个子图像的边界向外扩 w 像素宽度，得到扩边的初始子图像 x_i^0； 对每个子图像 x_i^0，估计其 $\sigma_{\mathrm{L}i}, \sigma_{\mathrm{G}i}$ 和 R_i；根据 x_i^0，对 $\boldsymbol{F}_t$ 进行压缩成为 $\boldsymbol{F}_{ti}$
最优化： 按照式 (5.18) 构造代价函数 C_i；应用 SCG 算法和初始子图像 x_i^0 对 C_i 进行寻优求解，得到扩边的超分辨率子图像 x_i^∞
重组： 对扩边的超分辨率子图像 x_i^∞，切掉其 w 像素宽度的边界，得到超分辨率子图像 x_i； 将所有超分辨率子图像 x_i 进行重新组合，得到分辨率图像 x

5.3 实验结果与分析

为了验证所提先验与算法的有效性，本节设计了两组实验对相关先验与算法进行比较。这里，算法的性能选用均方误差 (mean square error，MSE) 指标来评价。

5.3.1 特征驱动先验的图像超分辨率重建实验

在第一组实验中，特征驱动先验的灵活性与适应性被验证。首先，一幅原始的遥感图像 (图 5.3(a)) 被模拟退化为低分辨率图像序列。具体的模拟退化方法和参数为：原始图像的扭曲形变假设为单应性 (homography) 且单应性矩阵为随机生成的，模糊操作由标准偏差为 0.8 个高分辨率像素的高斯点扩散函数来实现，接着对模糊形变图像在垂直和水平方向上进行 2:1 的降采样，最后加入标准偏差为 5 个亮度单位的高斯白噪声 (图像的亮度范围为 0~255 个亮度单位)。本实验模拟生成的退化低分辨率序列包含 5 帧图像，其中之一如图 5.3(b) 所示。为了对比观察的方便，这里的图 5.3(b) 被放大到同原始图像相同的大小。

下面用模拟生成的低分辨率序列对原始图像进行超分辨率重建。重建方式采用的是非盲复原重建，也就是说，在重建的过程中，扭曲形变、模糊和降采样的信息假设是已知的。事实上，在本实验模拟生成图像序列的环节，所使用的退化矩阵 (包含扭曲形变、模糊和降采样的信息) 已被暂存，用于在重建过程来中使用。至此，可以根据式 (5.17) 构造一个引入特征驱动先验的代价函数。为了验证特征驱动先验的优越性，接着又构造了两个含有不变先验的代价函数，用于对比，其中之一是通过将高斯先验模型 (5.4) 代入式 (5.3) 得到，另一个通过将拉普拉斯先验模型 (5.5) 代入式 (5.3) 得到。使用标度共轭梯度 (scaled conjugate gradients，SCG) 算法对上述三个代价函数进行优化，得到三个不同的超分辨率结果，对应的图像分别如图 5.3(c)、(d)、(e) 所示。

(a) 原始图像

(b) 退化的低分辨率图像

(c) 运用高斯先验模型实现的超分辨率重建[MSE＝68.8928]

(d) 运用拉普拉斯先验模型实现的超分辨率重建[MSE＝68.7965]

(e) 运用特征驱动先验模型实现的超分辨率重建[MSE＝67.5259]

图 5.3　运用不同先验模型实现的超分辨率重建

为了证实所提先验模型的适用性，另一幅测试图像 Lena 被用来重复上述实验过程。为了节省篇幅，图像 Lena 的实验结果图未在文中显示。但是，以上遥感图像和 Lena 图像实验所得结果的均方误差列于表 5.2 之中。从图 5.3 直观观察和从表 5.2 指标判断，可以表明：与不变先验的两种模型作比较，本章所提的先验在超分辨率重建性能方面更具有优势。

表 5.2 运用不同先验模型超分辨率重建的 MSE

先验模型	遥感图像	Lena 图像
高斯先验模型	68.8928	40.5469
拉普拉斯先验模型	68.7965	40.1860
特征驱动先验模型	67.5259	38.637

5.3.2 基于分块的图像超分辨率重建实验

第二组实验是为了验证 5.2.3 节所述的基于分块的超分辨率重建算法与未分块的算法比较具有的优越性。本组实验同样包含对两个不同图像所进行的实验，其中一个图像为标准的 Peppers 测试图，另一个是一幅遥感图像。

对于如图 5.4(a) 所示的 Peppers 原始图像，为了表明算法的鲁棒性和适用性，我们对退化过程和参数进行了一些调整。具体来说，用于模糊图像的高斯点扩散函数的标准偏差被修改为 1.0 个高分辨率像素，用于污染图像的高斯白噪声的标准偏差被放大到 10 个亮度单位。图 5.4(b) 所示的图像为基于特征驱动先验的 MAP 超分辨率重建的结果，此时未使用分块的框架，作为后面对比的基础。图 5.4(c)~(e) 所示图像为利用 5.2.3 节所提算法分别重建出的结果，其中图 5.4(c) 的分块重建方案将图像分成 2×2 的棋盘格，图 5.4(d) 的分块重建方案将图像分成 4×4 的棋盘格，图 5.4(e) 的分块重建方案将图像分成 8×8 的棋盘格。

(a) 原始图像

(b) 基于特征驱动先验的未分块 MAP SRR结果[MSE＝86.7104]

(c) 基于2×2分块的BMSFP算法重建结果[MSE＝85.337]

(d) 基于4×4分块的BMSFP算法重建结果[MSE＝84.456]

(e) 基于8×8分块的BMSFP算法重建结果[MSE＝83.6115]

图 5.4　不同分块法的 BMSFP 算法对 Peppers 图像的实验结果

为了验证 5.2.3 节所提算法对不同图像处理的适用性，我们又选用遥感图像做了实验。实验中的退化方法和参数与 5.3.1 节实验相同，重建环节重做了上述 Peppers 图像实验所选的方案和算法。为了节省篇幅，遥感图像的实验结果图未在文中显示。

由以上两个实验结果所计算出的均方误差 (MSE) 列于表 5.3 之中。不论从图 5.4 所示的视觉效果，还是从表 5.3 所示的性能指标，均表明：5.2.3 节所提算法要好于无分块策略的算法；而且随着分块的进一步细化，性能指标也在不断提高。

表 5.3　不同分块法的 BMSFP 算法对图像实验结果的 MSE

算法	Peppers 图像	遥感图像
基于特征驱动先验的未分块 MAP SRR	86.7104	73.7034
基于 2×2 分块的 BMSFP 算法	85.337	72.967
基于 4×4 分块的 BMSFP 算法	84.456	72.055
基于 8×8 分块的 BMSFP 算法	83.6115	71.98

5.3.3 超分辨率重建中十字伪影消除实验

第三组实验也是本章的最后一组实验，主要是来验证消除十字伪影的方法，即扩边方法的效果。这里也使用了两种不同应用背景的原始图分别进行实验，以证明方法具有普适性。两幅原始图像分别为河流的遥感图像 (256×256 像素)(图 5.5(a)) 和人脑的核磁共振图像 (128×128 像素)(图 5.6(a))。实验中对原始图像的退化方法和参数与图 5.4 对应实验的相同。图 5.5(b) 和图 5.6(b) 分别为退化的低分辨率序列中的一帧图像，这里与图 5.4 稍有不同的是图像均显示为它们的原始大小，故小于原始图。根据表 5.1 所述的算法程序，对低分辨率序列进行重建。为了便于对比，两个实验图像都选用相同的分块策略，即分块指数都固定为 8×8。

为了说明子图像不同扩边宽度对重建结果的影响，对遥感原图分别做了 5 个重建实验，分别对应子图像扩边宽度为 0 个像素、1 个像素、2 个像素、3 个像素、4 个像素的情况。重建结果分别如图 5.5(c)~(g) 所示。从图可以看出，十字伪影在图 5.5(c) 中最为严重，这是由于没有扩边而导致的。对于图 5.5(d) 和 (e)，十字伪影还是比较明显，主要由于扩边的宽度还不够。而图 5.5(f) 和 (g) 中，由于采用了足够的扩边宽度，十字伪影基本消除。并且从视觉上，图 5.5(g) 还稍好于图 5.5(f)，尤其河流部分更为明显。不仅如此，所计算出的 MSE 指标也证实了视觉上的判断。为了更加直观，MSE 随扩边宽度调整而变化的曲线图被绘出，如图 5.7(a) 所示。很明显，随着扩边宽度的增加，MSE 逐渐降低。

(a) 原始图像

(b) 低分辨率退化图像之一

(c) 无扩边方案的BMSFP算法重建结果[MSE=396.43]

(d) 扩边1个像素宽度的AR-BMSFP算法重建结果[MSE=266.43]

(e) 扩边2个像素宽度的AR-BMSFP算法重建结果[MSE=233.07]

(f) 扩边3个像素宽度的AR-BMSFP算法重建结果[MSE=222.11]

(g) 扩边4个像素宽度的AR-BMSFP算法重建结果[MSE=218.48]

图 5.5 不同扩边方案的 AR-BMSFP 算法对遥感图的实验结果

将图 5.5 对应实验的所有操作和条件应用到另一个原图——人脑的核磁共振图像上，我们又获得了另一实验结果。结果与曲线图如图 5.6 和图 5.7(b) 所示。稍有不同的是，这里又增加了子图像扩边宽度为 5 个像素的实验。为了节省版面并与图 5.5 版式一致，图 5.6 未包含子图像扩边宽度为 2 个像素的实验结果，但是图 5.7(b) 的曲线显示了所有结果的指标。从图 5.6 重建的整体效果来看，并不如图 5.5 重建的效果那样好。经过分析，主要由以下原因造成：① 核磁共振的原始图的大小为 128×128 像素，小于 256×256 像素大小的遥感图像，信息量没有遥感图像充足；② 与遥感图像相比，核磁共振图像的亮度和纹理比较单调，很难重建出清晰的图像。即便如此，结果图和曲线图也能得出与遥感图像实验相同的结论。对两种图源的实验得出相同结论，也印证了本书除伪影方法的普适性。

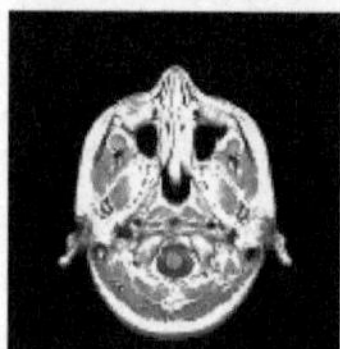
(a) 原始图像

(b)分辨率退化图像之一

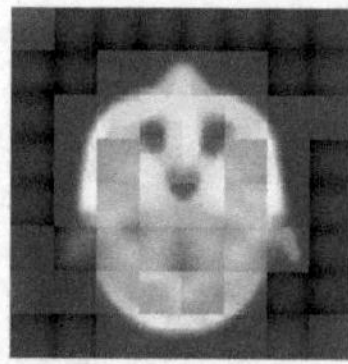
(c) 无扩边方案的 BMSFP算法重建结果[MSE＝244.26]

(d) 扩边1个像素宽度的 AR-BMSFP算法重建结果[MSE＝191.38]

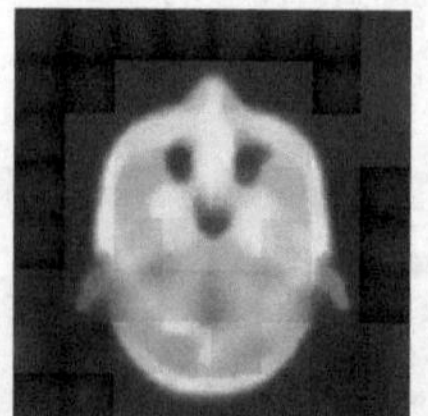
(e) 扩边3个像素宽度的 AR-BMSFP算法重建结果[MSE＝157.15]

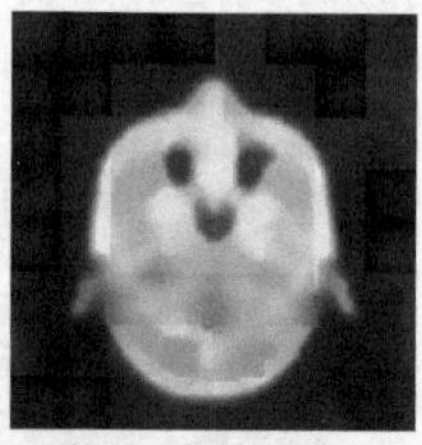
(f) 扩边4个像素宽度的 AR-BMSFP算法重建结果[MSE＝145.51]

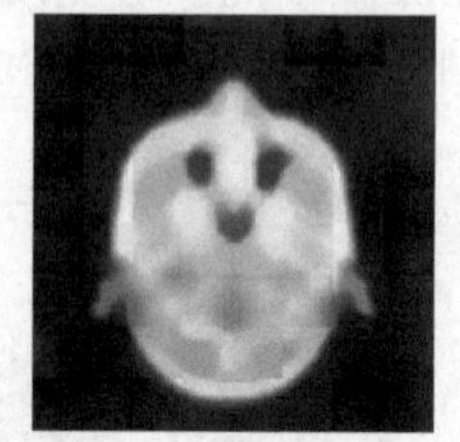
(g) 扩边5个像素宽度的 AR-BMSFP算法重建结果[MSE＝143.29]

图 5.6　不同扩边宽度的 AR-BMSFP 算法对核磁共振图的实验结果

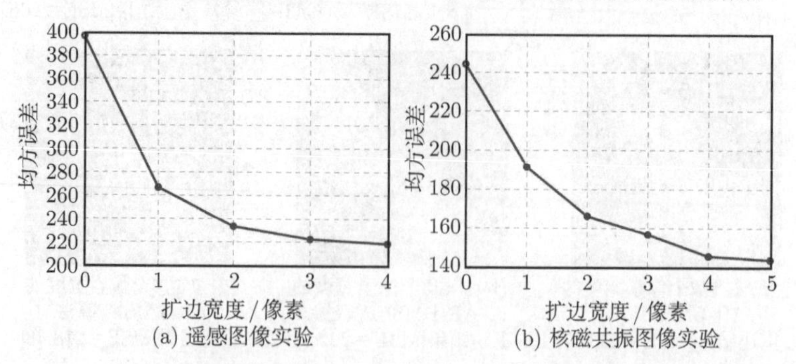

(a) 遥感图像实验　　(b) 核磁共振图像实验

图 5.7　不同扩边宽度的 AR-BMSFP 算法实验结果的均方误差 (MSE)

参考文献

[1] Capel D, Zisserman A. Computer vision applied to superresolution. IEEE Signal Processing Magazine, 2003, 20(3): 75-86.

[2] Schultz R R, Stevenson R L. Extraction of high-resolution frames from video sequences. IEEE Transactions on Image Processing, 1996, 5(6): 996-1011.

[3] Kaltenbacher E, Hardie R C. High-resolution infrared image reconstruction using multiple low resolution aliased frames. In Proceedings of the IEEE National Aerospace Electronics Conference, 1996, 2: 702-709.

[4] Hardie R C, Barnard K J, Bognar J G, et al. High-resolution image reconstruction from a sequence of rotated and translated frames and its application to an infrared imaging system. Optical Engineering, 1998, 37(1): 247-260.

[5] Bose N K, Lertrattanapanich S, Koo J. Advances in superresolution using L-curve. In Proceedings of International Symposium Circuits and Systems, 2001, 2: 433-436.

[6] 肖创柏, 禹晶, 薛毅. 一种基于 MAP 的超分辨率图像重建的快速算法. 计算机研究与发展, 2009, 46(5): 872-880.

[7] 倚海伦, 王庆. 基于混合先验模型的超分辨率重建. 计算机工程, 2008, 34(22): 210-212.

[8] Tian J, Ma K K. Stochastic super-resolution image reconstruction. Journal of Visual Communication and Image Representation, 2010, 21(3): 232-244.

[9] Katsuki T, Torii A, Inoue M. Posterior-mean super-resolution with a causal Gaussian Markov random field prior. IEEE Trans. Image Processing, 2012, 21(7): 3182-3193.

[10] Farsiu S, Robinson M D, Elad M. Fast and robust multiframe super resolution. IEEE Transactions on Image Processing, 2004, 13(10): 1327-1344.

[11] Takeda H, Milanfar P, Protter M, et al. Super-resolution without explicit subpixel motion estimation, IEEE Trans. on Image Processing, 2009, 18 (9): 1958-1975.

[12] Pickup L C. Machine learning in multi-frame image super-resolution. Ph. D. dissertation, Dept. of Eng. & Sci., Univ. Oxford, Oxford, UK, 2007.

[13] Bioucas-Dias J, Figueiredo M, Oliveira J P. Total variation-based image deconvolution: a majorization-minimization approach. Proceedings of the IEEE International Conference on Acoustics, Speech and Signal Processing, vol. II. Piscataway, NJ, USA: IEEE, 2006: 861-864.

[14] Katsuki T, Torii A, Inoue M. Posterior-mean super-resolution with a causal Gaussian Markova random field prior. IEEE Trans. Image Processing, 2012, 21(7): 3182-3193.

[15] Babacan S D, Molina R, Katsaggelos A K. Variational bayesian super resolution. IEEE Trans. Image Processing, 2011, 20(4): 984-999.

第6章　基于 Tukey 范数和自适应双边总变分的超分辨率重建

图像超分辨率重建 (SRR) 问题本质上是一类反问题，在求解过程中大多数是病态的，而保真项结合正则化是解决病态性的一种有效途径。He 和 Kondi[1] 采用基于 L_2 范数和 Tickhonov 正则项的 SRR 算法，重建过程中自适应调整每一帧 LR 的权重且采用自适应正则化参数；Ng 等[2] 提出基于 L_2 范数和总变分 (total variation, TV) 正则项的 SRR 算法，并通过实验验证与基于 Tickhonov 正则项的算法相比，这种算法具有更好的重建效果。由于 L_2 范数保真项对特定模型以外的数据特别敏感，鲁棒性较差，Farsiu 和 Robinson[3] 提出了基于 L_1 范数的 SRR 算法，并采用双边总变分 (bilateral total variation，BTV) 算子作为正则项，有效地提高了算法的稳健性和边缘保持特性。为更好地保持边缘特性，Li 等[4] 提出了基于局部自适应 BTV 的正则化方法，并由实验结果验证了改进算法的有效性；Yuan 等[5] 提出基于空间加权的 TV 正则项的 SRR 算法。而为提高算法的鲁棒性，Patanavijit 等[6] 提出了基于 Huber 范数的 SRR 算法，并在文献 [7] 中提出了基于 Lorentzian 范数的算法，并通过实验证明了所提方法的优越性。Pham 等[8] 提出了基于高斯误差范数估计的算法，与传统算法相比，该算法可以更有效地抑制异常值的影响。

常用 BTV 正则化 SRR 算法的保真项大多基于 L_1 或 L_2 范数，只针对特定噪声模型，而对其他的模型数据比较敏感；而且，BTV 正则项固定的权值系数也无法适应图像细节变化。本书提出一种基于 Tukey 范数保真项和自适应 BTV 正则项的 SRR 算法。Tukey 范数保真项具有更有效的重尾特征，适用于处理复杂变化的噪声；而自适应 BTV 正则项在 BTV 基础上，充分考虑图像的局部灰度特征，引入自适应权值矩阵，使得重建图像中的细节信息得到进一步的增强。这种算法对不同类型的噪声模型都有较好的重建结果，算法鲁棒性较好，边缘保持能力较强。

本章内容安排如下：第 1 节介绍图像观测模型和超分辨率重建原理；第 2 节介绍 Tukey 范数；第 3 节为本章算法，即基于 Tukey 范数保真项和自适应 BTV 正则项的 SRR 算法；第 4 节是实验结果与分析。

6.1　图像观测模型和超分辨率重建

通常，可将 p 幅观测图像看作由高分辨率图像经运动变形、模糊、下采样以及

叠加噪声这一系列降质过程所得到，则图像观测模型[9] 可用公式表示为

$$\boldsymbol{Y}_k = \boldsymbol{D}_k\boldsymbol{H}_k\boldsymbol{T}_k\boldsymbol{X} + \boldsymbol{N}_k, \quad k = 1, 2, \cdots, p \tag{6.1}$$

设获得 p 幅低分辨率图像，大小为 $N_1 \times N_2$，以列方向排列成向量形式 $\boldsymbol{Y}_k$，大小为 $N_1N_2 \times 1$；$\boldsymbol{X}$ 表示原始高分辨率图像，大小为 $L_1N_1 \times L_2N_2$，L_1 和 L_2 分别表示行列的分辨率增大系数，表示成列向量形式，大小为 $L_1N_1L_2N_2 \times 1$；$\boldsymbol{T}_k$ 和 $\boldsymbol{H}_k$ 分别表示运动变形矩阵和模糊矩阵 (PSF)，大小均为 $L_1N_1L_2N_2 \times L_1N_1L_2N_2$；$\boldsymbol{D}_k$ 为下采样矩阵，大小为 $N_1N_2 \times L_1N_1L_2N_2$；$\boldsymbol{N}_k$ 表示大小为 $N_1N_2 \times 1$ 的各类加性噪声，如高斯噪声、椒盐噪声、混合噪声等。

根据 Elad[10] 成像模型，当成像设备和外界条件均相同时，可认为 p 幅低分辨率图像采用相同的模糊矩阵和下采样矩阵，即 $\boldsymbol{H}_k = \boldsymbol{H}$，$\boldsymbol{D}_k = \boldsymbol{D}$。因此，式 (6.1) 可写为

$$\boldsymbol{Y}_k = \boldsymbol{DHT}_k\boldsymbol{X} + \boldsymbol{N}_k, \quad k = 1, 2, \cdots, p \tag{6.2}$$

根据式 (6.2) 所表示的图像观测模型可知，超分辨率重建的任务就是由观测到的 p 幅低分辨率图像来重建获得原高分辨率图像的最好估计，是一典型的反问题。则基于 MAP 框架的代价方程为

$$J(\boldsymbol{X}) = \sum_{k=1}^{p} \|\boldsymbol{DHT}_k\boldsymbol{X} - \boldsymbol{Y}_k\|_l^l \tag{6.3}$$

那么 SRR 需要解决的问题就是最小化上式代价方程，得到使式 (6.3) 最小的的 X，即高分辨率图像，相应的表达式如下：

$$\boldsymbol{X} = \arg\min_{X} J(\boldsymbol{X}) \tag{6.4}$$

6.2 Tukey 范 数

为使代价方程是凸函数，一般限定 l 的取值范围为 $1 \leqslant l \leqslant 2$，当取 $l = 1$ 或 $l = 2$，即 L_1 范数或 L_2 范数。L_2 范数是关于高斯噪声的最优估计，对于异常值引起的偏差极其敏感，当有其他种类噪声时重建效果较差，算法稳健性差，且会对图像造成过平滑导致图像细节的丢失。而 L_1 范数是针对拉普拉斯噪声模型的最大似然估计，虽然与 L_2 范数相比，可以有效去除异常值对估计值的影响，具有更好的稳健性，但当噪声服从高斯分布时，估计结果也会出现较大的偏差。L_1 范数可保持图像边缘及细节特征，但在平坦区域会造成伪轮廓效应，导致图像一定程度上的失真。可见，L_1 范数估计和 L_2 范数估计都有一定的局限性。

1996 年，Black 首次提出引入 M 估计来解决图像恢复的问题，M 估计是统计领域中常用的一种稳健估计方法，是经典最大似然估计的推广，它具有计算简单、鲁棒性较好等优点，因而在图像处理领域得到了广泛的应用。在代价函数中采用 M 估计范数，可以在保证图像细节信息的同时，对异常值进行有效抑制，以此来消除其对重建结果的影响。M 估计中常见的范数有 Huber、Lorentzian、Tukey 范数等。

范数的影响函数是否连续有界，可以用来判断其对应的估计方法是否稳健。如果影响函数连续有界的话，估计结果就不会因为异常值的影响而产生显著的偏差，该估计方法就具有较好的稳健性。可以根据有界影响函数将 M 估计分为 3 类[11]：

(1) 具有单调影响函数的 M 估计法，即当残差大于阈值时，影响函数为常数，即对观测值分配统一的加权值。Huber 估计就属于这类 M 估计法。

(2) 具有软回降影响函数的 M 估计法，即当残差趋向于无穷时，影响函数接近于 0。Lorentzian 估计就归于这类 M 估计法。

(3) 具有硬回降影响函数的 M 估计法，当残差大于阈值时，影响函数即迅速削弱为 0。Tukey 估计就是其中的一种。

第二类和第三类估计法随着残差的增加，影响函数值减小，即异常值对估计值的影响也逐渐减小，因此回降影响函数的 M 估计法具有更好的稳健性能。而具有硬回降影响函数的 Tukey 范数在残差大于阈值时，其影响函数迅速削弱为零，即能够更好地抑制异常值对重建图像的影响，所以本书引入 M 估计中具有更好稳健性能的 Tukey 范数来代替常用的 L_1 和 L_2 范数。Tukey 函数表达式如下：

$$\rho_{\text{Tukey}}(x)=\begin{cases}\dfrac{T^2}{6}\left\{1-\left[1-\left(\dfrac{x}{T}\right)^2\right]^3\right\}, & |x|<T\\[2ex] \dfrac{T^2}{6}, & |x|\geqslant T\end{cases}\tag{6.5}$$

其影响函数为

$$\psi_{\text{Tukey}}(x)=\rho'_{\text{Tukey}}(x)=\begin{cases}x\left[1-\left(\dfrac{x}{T}\right)^2\right]^2, & |x|<T\\[2ex] 0, & |x|\geqslant T\end{cases}\tag{6.6}$$

式中，T 为能够区分异常值和模型数据的阈值，称为尺度因子，即当某个观测数据的残差绝对值 $|x|$ 大于 T 时，观测数据就被认定为异常值。当残差绝对值 $|x|$ 小于 T 时，Tukey 范数近似等价于 L_2 范数，能够对图像进行平滑；而当 $|x|$ 超过 T 时，即在出现异常值时，其影响函数迅速减小为零，这样能够对异常值进行强有力地抑制，所以将其引入数据保真项能够更有效地提高算法的稳健性。T 的选取对于算

法的效果有很大影响，这里我们采用文献 [12] 中提出的中位数绝对偏差法 (median absolute deviation，MAD) 进行选取。

图 6.1 和图 6.2 分别为 Tukey 函数及其影响函数的图形。

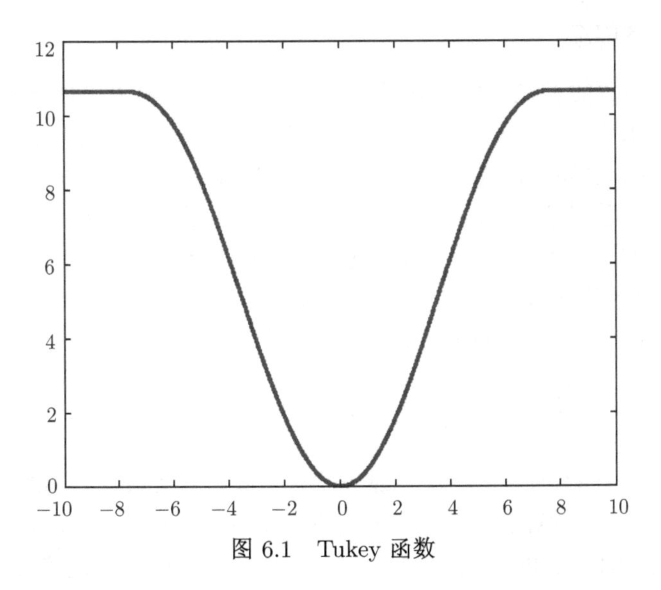

图 6.1 Tukey 函数

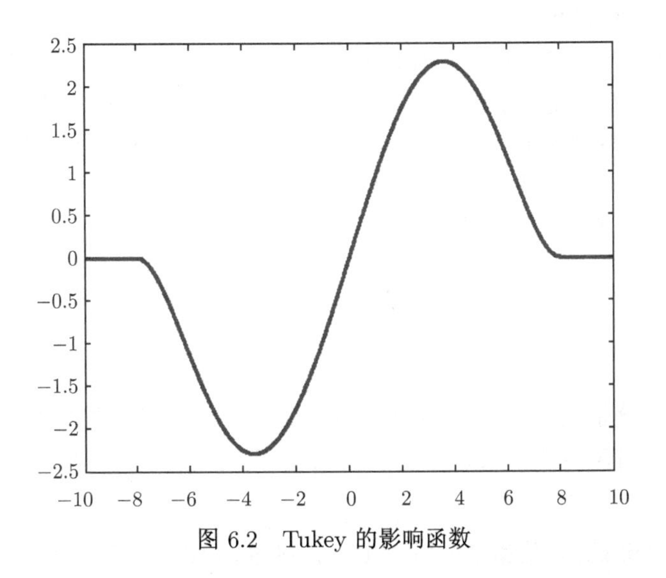

图 6.2 Tukey 的影响函数

6.3 基于 Tukey 范数保真项和自适应 BTV 正则项的 SRR 算法

6.3.1 BTV 正则项

由于各类噪声的存在，而且模糊矩阵本身就是一个具有高度病态性的稀疏矩阵[13]，所以，SRR 是一个典型的病态或称不适定反问题，即方程的解不能完全满足“存在性、唯一性和稳定性”这三个条件。1977 年，Tikhonov 提出了使用正则化的方法来求解不适定性问题[14]。在代价方程中加入正则项，可以对解空间加以约束，尽可能减小噪声的影响，稳定反问题解使之转化为具有唯一解的良态问题。正则项一般由图像灰度信息或边缘信息等图像先验知识构成，在代价函数中通常以惩罚函数的形式出现。加入正则项后的代价方程如下：

$$J(\boldsymbol{X})=\sum_{k=1}^{p}\|\boldsymbol{DHT}_k X-\boldsymbol{Y}_k\|_l^l+\lambda\gamma(\boldsymbol{X}) \tag{6.7}$$

式中，第一项称为保真项，它反映了观测数据与原始真实数据之间的拟合度。第二项为正则化项，表示对解的正则性如光滑性等的约束。λ 是正则化参数，它用于调节这两项对重建图像的相对影响。若 λ 过大，图像高频信息衰减较大，则会使图像细节缺失，重建图像过于平滑；而 λ 过小，图像的保真度过高，这样不能很好地抑制噪声和消除重建过程的不适定性。

正则项的设计直接影响着图像的重建效果，目前，常用的正则项有 Tikhonov 正则项、总变分 (TV) 正则项以及双边总变分 (BTV) 正则项。BTV 既有对图像像素之间的空间关系的约束，也有对像素间的灰度关系的约束，所以 BTV 正则项可以在抑制噪声的同时更好地保持图像边缘特性，使用比较广泛。

BTV 正则项的表达式如下：

$$\gamma_{BTV}(\boldsymbol{X})=\underbrace{\sum_{l=-p}^{p}\sum_{m=0}^{p}}_{l+m\geqslant 0}\alpha^{|m|+|l|}\left\|\boldsymbol{X}-\boldsymbol{S}_x^l\boldsymbol{S}_y^m\boldsymbol{X}\right\|_1 \tag{6.8}$$

式中，$\boldsymbol{S}_x^l$、$\boldsymbol{S}_y^m$ 分别表示将 $\boldsymbol{X}$ 在水平方向平移 l 个像素和在垂直方向平移 m 个像素的矩阵算子；$\left\|\boldsymbol{X}-\boldsymbol{S}_x^l\boldsymbol{S}_y^m\boldsymbol{X}\right\|_1$ 代表了 $\boldsymbol{X}$ 在不同尺度上的差分；α 为权值系数，并且 $0<\alpha<1$。

6.3.2 结合 Tukey 范数和自适应 BTV 正则项的 SRR 算法

BTV 正则项的权值系数 α 的大小对重建所得的高分辨率图像局部细节的保持具有重要的影响，较小的 α 能够很好地锐化图像边缘，但会给图像带来很大的噪声；而较大的 α 能有效抑制噪声的影响，但是会造成图像边缘模糊。因此如何选取适当的 α 非常重要。本章引入自适应权值系数 $\alpha(i,j)$，即每一个像素点具有不同的权值系数，根据不同像素点处的局部灰度特性来自适应选取权值系数，对于细节比较丰富的区域，取较小值；而对于灰度值比较平坦的区域，则取较大的值。

本章利用高分辨率图像的局部相对梯度差值来表示区域的平坦度，所选局部窗口大小为 $M=(2P+1)(2Q+1)$，一般取 $P=Q=2$ 或 $P=Q=3$。

$$z(i,j)=\frac{1}{M}\sum_{s=i-P}^{i+P}\sum_{t=j-Q}^{j+Q}|x(s,t)-m(i,j)| \tag{6.9}$$

$$m(i,j)=\frac{1}{M}\sum_{s=i-P}^{i+P}\sum_{t=j-Q}^{j+Q}x(s,t) \tag{6.10}$$

式中，$m(i,j)$ 表示局部灰度均值；而 $z(i,j)$ 则表示高分辨率图像在 (i,j) 处的局部相对梯度差值。$z(i,j)$ 偏大表示像素点周围存在边缘跳跃，需要较小的 α 对边缘进行锐化；相反，当 $z(i,j)$ 较小，则希望重建算法平滑噪声，即 α 需取较大值，可见权值系数 $\alpha(i,j)$ 与 $z(i,j)$ 成反相关。取 $\alpha(i,j)$ 如下式所示：

$$\alpha(i,j)=\frac{1}{1+z(i,j)} \tag{6.11}$$

易知 $\alpha(i,j)$ 满足 $0\leqslant\alpha\leqslant1$ 的条件。

令 $\boldsymbol{A}=\operatorname{diag}\left(\alpha_1^{|m|+|l|},\alpha_2^{|m|+|l|},\cdots,\alpha_{L_1N_1\times L_2N_2}^{|m|+|l|}\right)$，称为自适应权值矩阵，引入自适应权值矩阵的 BTV 正则项如下所示：

$$\gamma_{SBTV}(\boldsymbol{X})=\underbrace{\sum_{l=-p}^{p}\sum_{m=0}^{p}}_{l+m\geqslant0}\left\|\boldsymbol{A}\left(\boldsymbol{X}-\boldsymbol{S}_x^l\boldsymbol{S}_y^m\boldsymbol{X}\right)\right\|_1 \tag{6.12}$$

那么基于 Tukey 范数保真项和自适应 BTV 正则项的 SRR 算法的代价函数表示为

$$J(\boldsymbol{X})=\sum_{k=1}^{p}\rho_{\text{Tukey}}\left(\boldsymbol{DHT}_kX-\boldsymbol{Y}_k\right)+\lambda\underbrace{\sum_{l=-p}^{p}\sum_{m=0}^{p}}_{l+m\geqslant0}\left\|\boldsymbol{A}\left(\boldsymbol{X}-\boldsymbol{S}_x^l\boldsymbol{S}_y^m\boldsymbol{X}\right)\right\|_1 \tag{6.13}$$

采用最速下降法来最小化代价方程。对 $J(\boldsymbol{X})$ 求导，可得

$$\begin{aligned}\nabla_{\boldsymbol{X}}J(\boldsymbol{X})=&\sum_{k=1}^{p}\boldsymbol{T}^{\mathrm{T}}\boldsymbol{H}^{\mathrm{T}}\boldsymbol{D}_k^{\mathrm{T}}\cdot\rho'_{\text{Tukey}}\left(\boldsymbol{DHT}_k\boldsymbol{X}-\boldsymbol{Y}_k\right)\\&+\lambda\underbrace{\sum_{l=-p}^{p}\sum_{m=0}^{p}}_{l+m\geqslant0}\left(\boldsymbol{I}-\boldsymbol{S}_x^{-l}\boldsymbol{S}_y^{-m}\right)\boldsymbol{A}\operatorname{sgn}\left(\boldsymbol{X}-\boldsymbol{S}_x^lS_y^m\boldsymbol{X}\right)\end{aligned} \tag{6.14}$$

然后进行逐次迭代，最终的迭代公式为

$$\boldsymbol{X}_{n+1}=\boldsymbol{X}_n-\beta\left\{\begin{array}{l}\displaystyle\sum_{k=1}^{p}\boldsymbol{T}^{\mathrm{T}}\boldsymbol{H}^{\mathrm{T}}\boldsymbol{D}_k^{\mathrm{T}}\cdot\rho'_{\text{Tukey}}\left(\boldsymbol{DHT}_k\boldsymbol{X}_n-\boldsymbol{Y}_k\right)\\ \displaystyle+\lambda\underbrace{\sum_{l=-p}^{p}\sum_{m=0}^{p}}_{l+m\geqslant 0}\left(\boldsymbol{I}-\boldsymbol{S}_x^{-l}\boldsymbol{S}_y^{-m}\right)\boldsymbol{A}\mathrm{sgn}\left(\boldsymbol{X}_n-\boldsymbol{S}_x^{l}\boldsymbol{S}_y^{m}\boldsymbol{X}_n\right)\end{array}\right\} \tag{6.15}$$

式中，β 为迭代步长，为加速算法的收敛，一般在迭代初期选取较大的 β 值，然后再逐渐减小 β 值，以提高算法的精度。

综上，本章所提 SRR 算法的基本步骤如下：

(1) 将经过图像配准的低分辨率图像投影到高分辨率图像网格中，然后对其进行样条插值来获得初始高分辨率图像 $\boldsymbol{X}_0$，初始化迭代次数 $k=0$；

(2) 求解第 k 次迭代代价函数 $J(\boldsymbol{X})$ 的梯度 $\nabla_X J(\boldsymbol{X}_k)$；

(3) 对当前的高分辨率图像进行迭代更新，$X_{k+1}=X_k-\beta\nabla_X J(\boldsymbol{X}_k)$；

(4) 判断迭代终止条件：如果 $\dfrac{\|X_{k+1}-X_k\|_2^2}{\|X_k\|_2^2}\leqslant\varepsilon$ 成立，则终止迭代，X_{k+1} 即为最终重建所得的高分辨率图像；否则令 $k=k+1$，跳转到第 (2) 步继续迭代；其中 ε 为预先设定的阈值。

6.4 实验结果与分析

为了验证本书算法的有效性，分别实现图像样条插值放大、基于 L_2 范数的 BTV 算法 (L_2+BTV)、基于 L_1 范数的 BTV 算法 (L_1+BTV)、基于 Tukey 范数的 BTV 算法 (Tukey+BTV) 以及本书算法 (Tukey+SBTV)。利用样条插值放大来作基本对比，而选用基于 L_2 范数以及 L_1 范数的 BTV 算法是为了验证引入 Tukey 范数保真项的有效性，利用本章算法与基于 Tukey 范数的 BTV 算法作比较，则是为了说明引入自适应 BTV 的有效性。实验中采用峰值信噪比 (PSNR) 来定量表征重建图像的效果和算法的有效性。

6.4.1 标准 Lena 图像超分辨率重建实验

选取大小为 256×256 的 Lena 图像，根据图像观测模型分别对图像进行平移、模糊、下采样以及叠加噪声操作生成 4 幅 128×128 的低分辨率图像，其中平移范围为 0~3 个像素，采用 3×3 的高斯算子，下采样系数为 2。为比较不同算法的稳健性，我们将 5 种重建算法分别应用到高斯噪声模型、椒盐噪声模型，同时包含两种噪声的混合噪声模型以及斑点噪声模型中来进行对比实验。图 6.3、图 6.4、图

6.5、图 6.6 分别为加入不同噪声的 Lena 低分辨率图像以及 5 种算法的重建结果，表 6.1 则是不同算法重建所得的 PSNR 值。

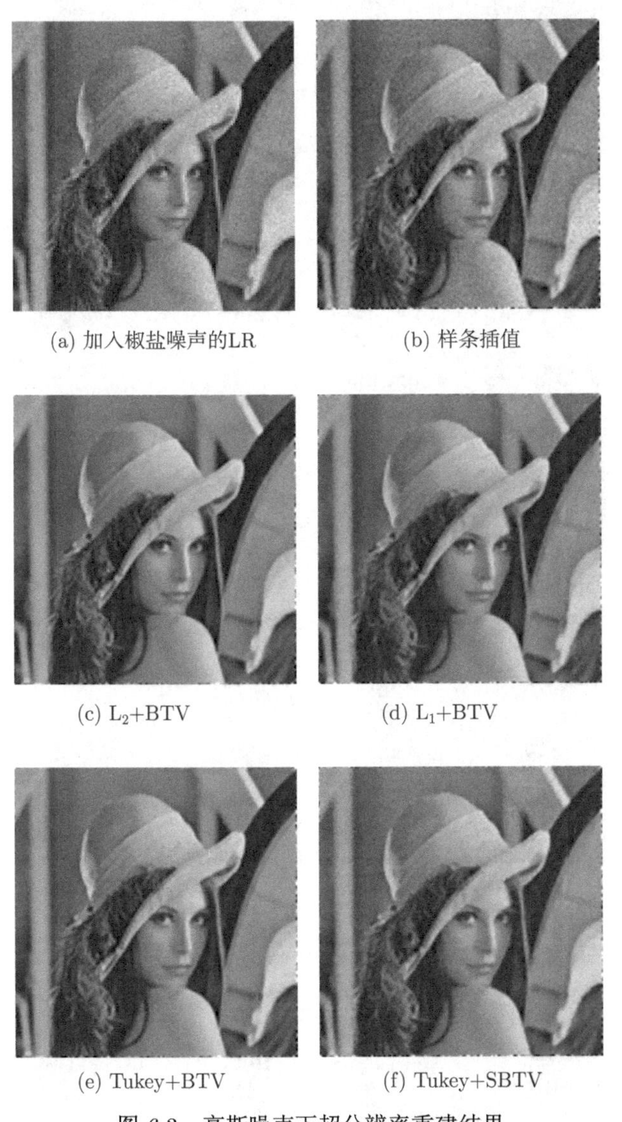

(a) 加入椒盐噪声的LR (b) 样条插值

(c) L_2+BTV (d) L_1+BTV

(e) Tukey+BTV (f) Tukey+SBTV

图 6.3 高斯噪声下超分辨率重建结果

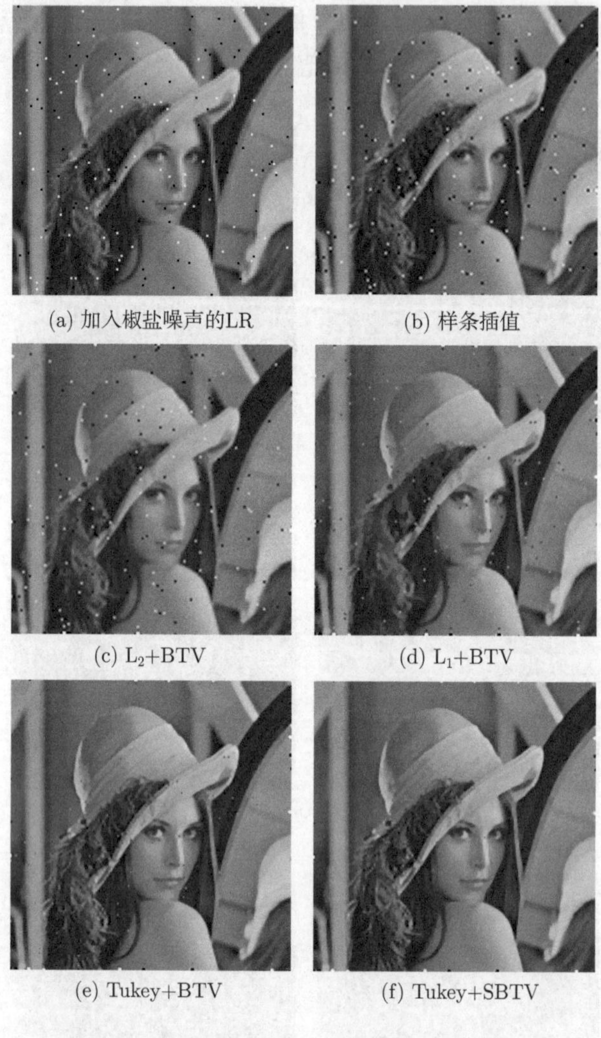

(a) 加入椒盐噪声的LR　　(b) 样条插值

(c) L_2+BTV　　(d) L_1+BTV

(e) Tukey+BTV　　(f) Tukey+SBTV

图 6.4　椒盐噪声下超分辨率重建结果

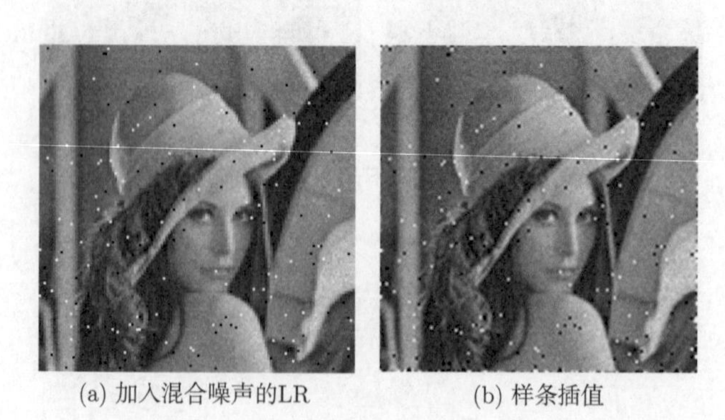

(a) 加入混合噪声的LR　　(b) 样条插值

(c) L_2+BTV (d) L_1+BTV

(e) Tukey+BTV (f) Tukey+SBTV

图 6.5 高斯噪声叠加椒盐噪声环境下超分辨重建结果

(a) 加入斑点噪声的LR (b) 样条插值

(c) L_2+BTV (d) L_1+BTV

(e) Tukey+BTV

(f) Tukey+SBTV

图 6.6　斑点噪声下超分辨率重建结果

表 6.1　不同算法重建结果的 PSNR 值　(单位：dB)

算法	高斯噪声 (var=40)	椒盐噪声 ($D=0.01$)	混合噪声 (var=40, $D=0.01$)	斑点噪声 ($v=0.005$)
样条插值	24.6183	22.8384	19.9885	21.5416
L_2+BTV	25.1061	23.1832	20.2284	21.8813
L_1+BTV	24.9628	24.0415	21.0111	22.1801
Tukey+BTV	26.0626	25.1745	22.5745	23.0310
Tukey+SBTV	26.6603	25.7549	23.0749	23.5492

从视觉效果上看，显然上述四组图像的图 (b)，也即样条插值的效果最差，这是没有引入先验的缘故。每组图像的图 (e) 均比图 (c)、(d) 的效果好，图像更加清晰，轮廓明显，即基于 Tukey 范数的算法在重建视觉效果上优于基于 L_2 范数和基于 L_1 范数的算法，算法能够有效去除噪声，在一定程度上保持图像边缘。基于 Tukey 范数的算法对加入不同噪声的低分辨率图像均具有更好的重建结果，尤其是图 6.4 中对于加入椒盐噪声的低分辨率图像，图像恢复效果更加明显。这充分说明了基于 Tukey 的方法对于异常值的抑制能力，能够应用于不同的噪声模型，算法稳健性更好。

四组图像的图 (e) 与图 (f) 均是基于 Tukey 范数的算法，通过比较可以看出，在视觉效果上，图 (f) 均比图 (e) 有一定的提高，图像细节更加清晰，平滑部分的噪声抑制效果也更好，表明自适应 BTV 正则项对图像局部细节的保持以及抑制噪声的能力。

表 6.1 列出的不同算法重建结果的 PSNR 值的大小与重建结果视觉效果一致，样条插值的 PSNR 值最小，基于 Tukey 范数的 BTV 算法比原有的基于 L_2 范数和基于 L_1 范数的 BTV 算法的 PSNR 值都有所提高，而本书改进的基于 Tukey 范数的自适应 BTV 算法又比基于 Tukey 范数的 BTV 算法 PSNR 值有一定的提高。

6.4.2 遥感图像超分辨率重建实验

为证实本书算法对不同图像重建的适用性与有效性，选用 256×256 的遥感图像重新进行上述实验。图 6.7~图 6.10 分别为不同算法对加入不同噪声的低分辨率图像的重建结果，表 6.2 则为不同算法重建结果对应的 PSNR 值。

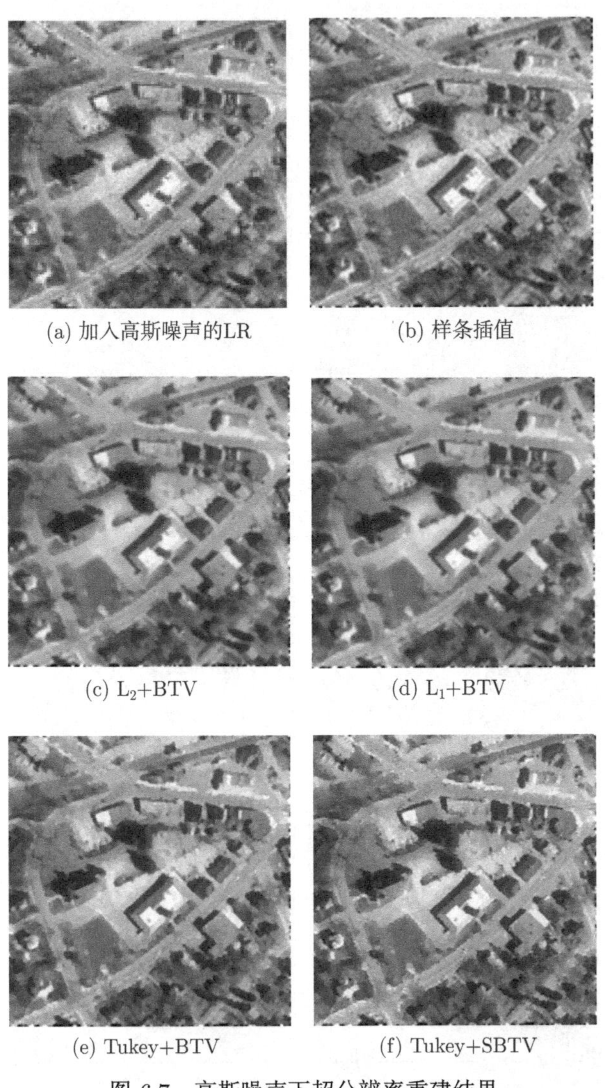

(a) 加入高斯噪声的LR (b) 样条插值

(c) L_2+BTV (d) L_1+BTV

(e) Tukey+BTV (f) Tukey+SBTV

图 6.7 高斯噪声下超分辨率重建结果

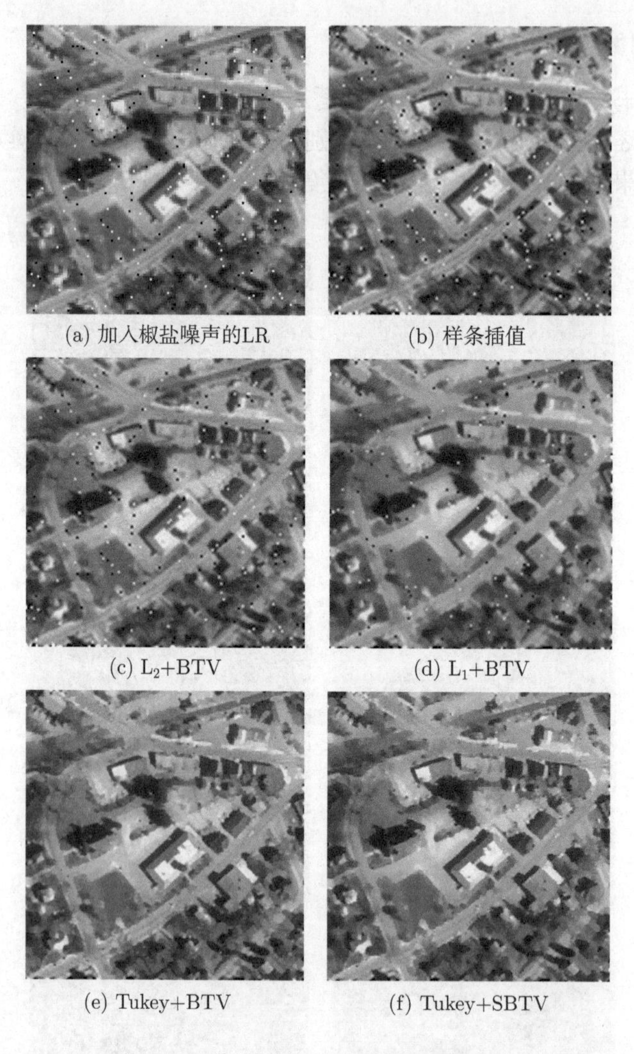

(a) 加入椒盐噪声的LR　(b) 样条插值

(c) L_2+BTV　(d) L_1+BTV

(e) Tukey+BTV　(f) Tukey+SBTV

图 6.8　椒盐噪声下超分辨率重建结果

(a) 加入混合噪声的LR　(b) 样条插值

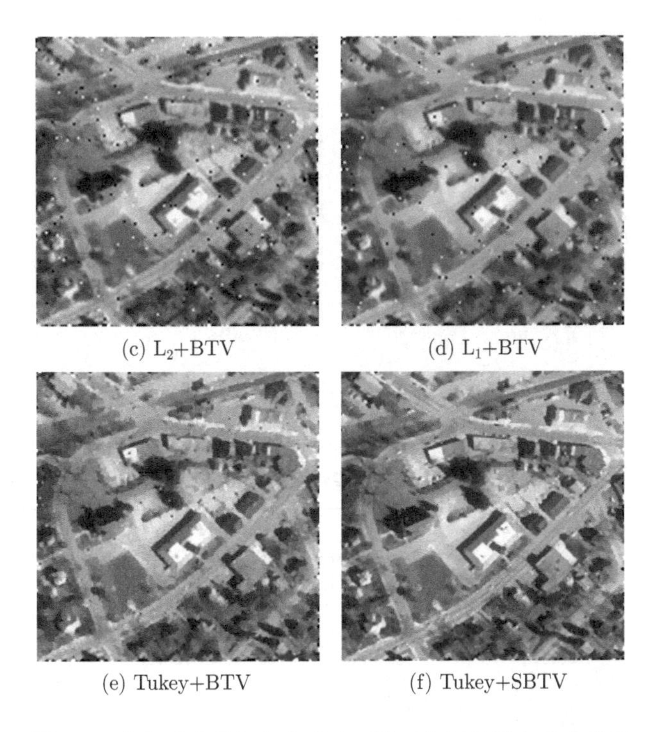

(c) L_2+BTV (d) L_1+BTV

(e) Tukey+BTV (f) Tukey+SBTV

图 6.9 高斯噪声叠加椒盐噪声环境下的超分辨率重建结果

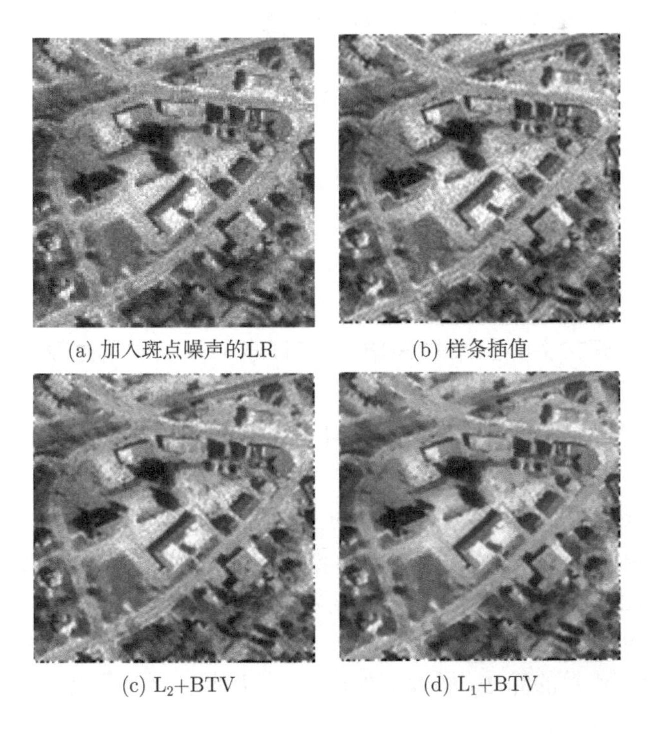

(a) 加入斑点噪声的LR (b) 样条插值

(c) L_2+BTV (d) L_1+BTV

(e) Tukey+BTV

(f) Tukey+SBTV

图 6.10 斑点噪声下超分辨率重建结果

表 6.2 不同算法重建结果的 PSNR 值 (单位: dB)

算法	高斯噪声 (var=40)	椒盐噪声 ($D = 0.01$)	混合噪声 (var=40, $D = 0.01$)	斑点噪声 ($v = 0.005$)
样条插值	18.9553	20.0866	17.5584	19.8650
L_2+BTV	20.5819	20.8650	18.5224	20.4376
L_1+BTV	20.0271	21.6053	18.9043	20.8623
Tukey+BTV	21.4826	22.6692	19.7431	21.7385
Tukey+SBTV	21.7860	23.0507	20.1612	22.1015

可见，与 Lena 图像实验结果一致，与其他算法相比，本书算法对不同噪声模型图像都具有更好的重建效果。基于 Tukey 范数的算法重建效果优于基于 L_2 范数和基于 L_1 范数的算法，算法能够有效去除噪声，图像更加清晰，并且具有更高的 PSNR 值。而引入自适应权值系数的基于 Tukey 范数的自适应 BTV 算法，从视觉效果上看，图像恢复了更多的细节，具有更好的边缘保持能力，相应的 PSNR 值也有一定的提高。

6.4.3 文本图像超分辨率重建实验

下面用包含有文字的图像的 SRR 来验证本书算法对重建效果的提高。同样地，先将图像进行一系列降质操作，其中采用 5×5 的高斯模糊算子。不同算法在加入不同噪声情况下的图像重建结果如图 6.11~图 6.14 所示，表 6.3 是相应的 PSNR 值。

从视觉效果上看，在加入高斯噪声的文本图像超分辨率重建中，基于 L_2 范数的算法重建效果略好于基于 L_1 范数的算法，在椒盐噪声环境下基于 L_1 范数的重建算法的结果比基于 L_2 范数的算法的结果好，而在其他噪声环境下两者效果相差不大。而不同的噪声环境下，基于 Tukey 估计的超分辨重建的效果均明显好于基于 L_1 与基于 L_2 范数的算法，图像更加清晰，抑制噪声的效果更加明显。本书引入自适应的重建算法在视觉效果上是最好的，与基于 Tukey 范数的算法相比，文字轮廓更加清晰，噪声抑制效果更好，说明算法的去噪与细节保持能力得到了提高。表 6.3 所列的重建结果的 PSNR 值大小与视觉效果一致，基于 Tukey 范数的算法的 PSNR 值高于基于 L_1 与基于 L_2 范数的算法，而本书算法 PSNR 值相比于基于 Tukey 范数的算法又有一定的提高。

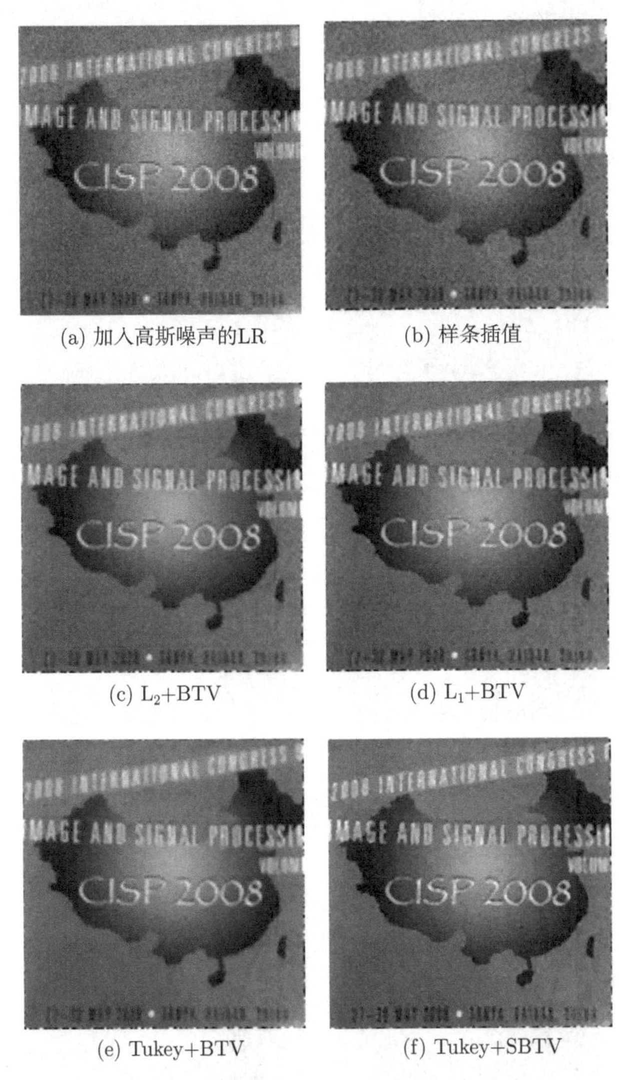

(a) 加入高斯噪声的LR　(b) 样条插值

(c) L_2+BTV　(d) L_1+BTV

(e) Tukey+BTV　(f) Tukey+SBTV

图 6.11 高斯噪声下超分辨率重建结果

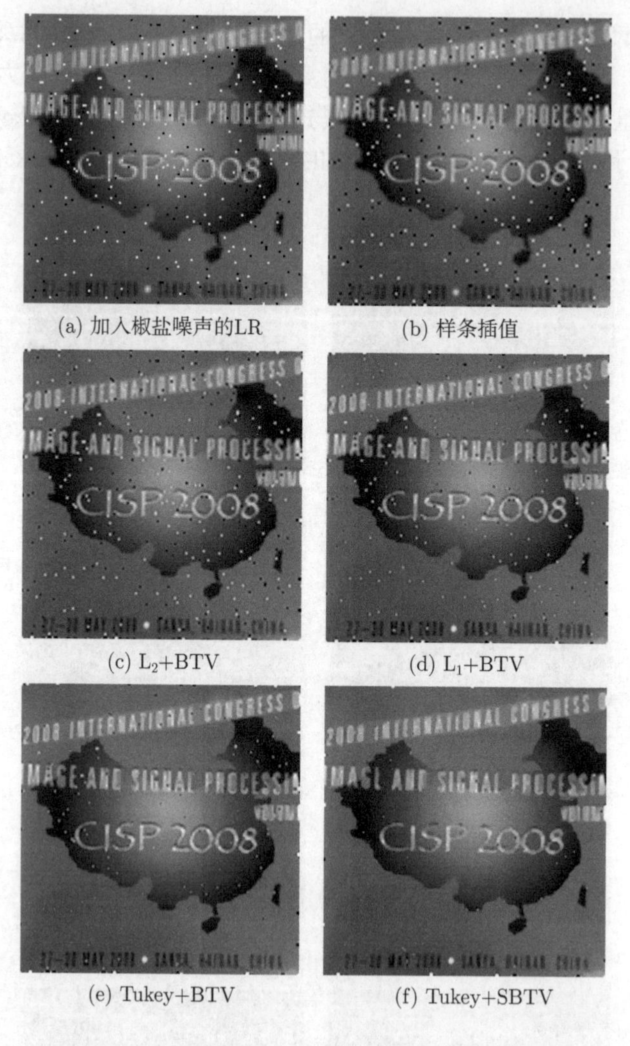

(a) 加入椒盐噪声的LR (b) 样条插值

(c) L_2+BTV (d) L_1+BTV

(e) Tukey+BTV (f) Tukey+SBTV

图 6.12 椒盐噪声下超分辨率重建结果

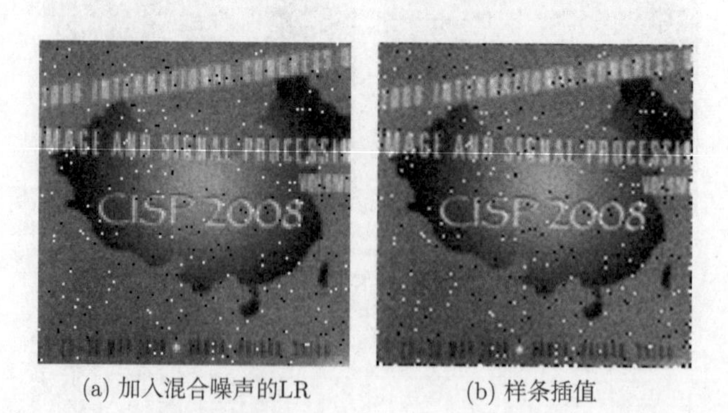

(a) 加入混合噪声的LR (b) 样条插值

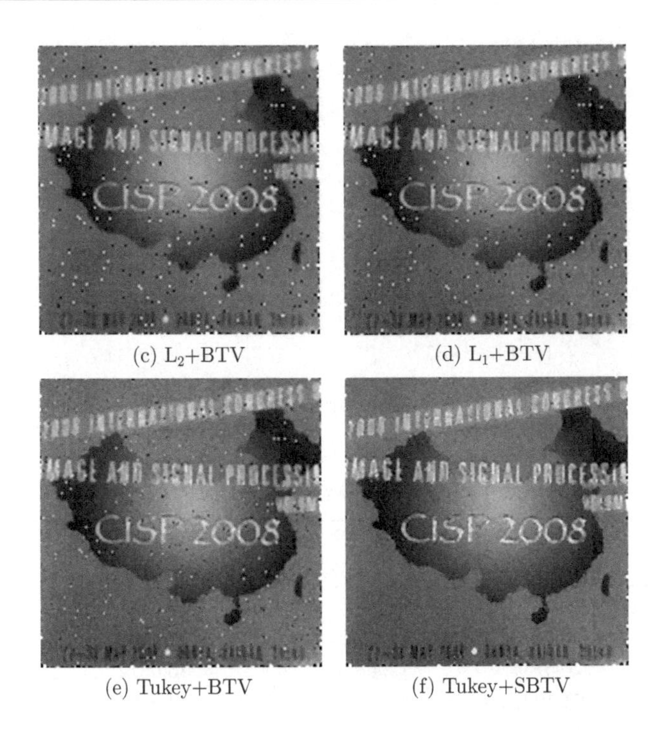

(c) L_2+BTV (d) L_1+BTV

(e) Tukey+BTV (f) Tukey+SBTV

图 6.13 高斯噪声叠加椒盐噪声环境下的超分辨率重建结果

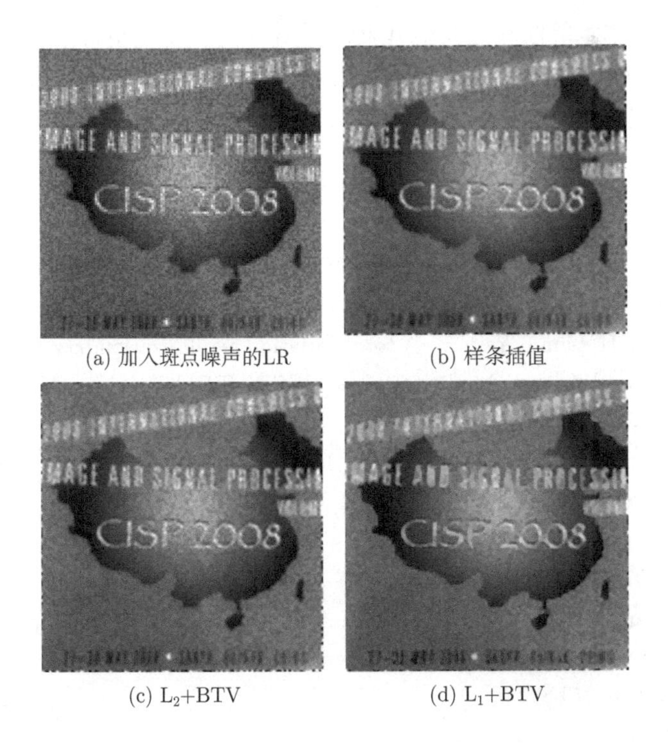

(a) 加入斑点噪声的LR (b) 样条插值

(c) L_2+BTV (d) L_1+BTV

(e) Tukey+BTV

(f) Tukey+SBTV

图 6.14　斑点噪声下超分辨率重建结果

表 6.3　不同算法重建结果的 PSNR 值　　(单位：dB)

算法	高斯噪声 (var=80)	椒盐噪声 ($D=0.02$)	混合噪声 (var=80, $D=0.02$)	斑点噪声 ($v=0.01$)
样条插值	19.8549	18.2453	15.6117	20.2065
L_2+BTV	20.3150	18.8375	15.8922	20.5507
L_1+BTV	20.0235	19.4986	16.0612	20.6642
Tukey+BTV	21.1221	20.1389	16.5407	21.0168
Tukey+SBTV	21.4701	20.5911	16.8185	21.2830

综上所述，本章算法较之其他 4 种重建算法可以得到更好的视觉效果和更高的 PSNR 值，且可以较好地适应于不同噪声模型的 SRR，算法的稳健性更好，从而验证了本书算法的有效性。

参考文献

[1] He H, Kondi L P. An image super-resolution algorithm for different error levels per frame. Image Processing, IEEE Transactions on, 2006, 15(3): 592-603.

[2] Ng M K, Shen H, Lam E Y, et al. A total variation regularization based super-resolution reconstruction algorithm for digital video. EURASIP Journal on Advances in Signal Processing, 2007.

[3] Farsiu S, Robinson M D, Elad M, et al. Fast and robust multiframe super resolution. Image processing, IEEE Transactions on, 2004, 13(10): 1327-1344.

[4] Li X, Hu Y, Gao X, et al. A multi-frame image super-resolution method. Signal Processing, 2010, 90(2): 405-414.

[5] Yuan Q, Zhang L, Shen H. Multiframe super-resolution employing a spatially weighted total variation model. Circuits and Systems for Video Technology, IEEE Transactions on, 2012, 22(3): 379-392.

[6] Patanavijit V, Jitapunkul S. A Robust Iterative Multiframe Super-Resolution Reconstruction using a Huber Bayesian Approach with Huber-Tikhonov Regularization[C]// Intelligent Signal Processing and Communications, 2006. ISPACS'06. International Symposium on. IEEE, 2006: 13-16.

[7] Patanavijit V, Jitapunkul S. A Lorentzian stochastic estimation for a robust iterative multiframe super-resolution reconstruction with Lorentzian-Tikhonov regularization. EURASIP Journal on Advances in Signal Processing, 2007, (2): 21-21.

[8] Pham T Q, Vliet L J, Schutte K. Robust super-resolution by minimizing a Gaussian-weighted L2 error norm. Journal of Physics: Conference Series. IOP Publishing, 2008, 124(1): 012037.

[9] Park S C, Park M K, Kang M G. Super-resolution image reconstruction: a technical overview. Signal Processing Magazine, IEEE, 2003, 20(3): 21-36.

[10] Elad M, Hel-Or Y. A fast super-resolution reconstruction algorithm for pure translational motion and common space-invariant blur. Image Processing, IEEE Transactions on, 2001, 10(8): 1187-1193.

[11] El-Yamany N A, Papamichalis P E. Using bounded-influence M-estimators in multiframe super-resolution reconstruction: A comparative study. Image Processing, 2008. ICIP 2008. 15th IEEE International Conference on. IEEE, 2008: 337-340.

[12] Rousseeuw P J, Leroy A M. Robust Regression and Outlier Detection. John Wiley & Sons, 2005.

[13] Nguyen N X. Numerical algorithms for image super-resolution. California: Stanford University, 2000.

[14] Tikhonov A N, Arsenin V I A, John F. Solutions of Ill-Posed Problems. Washington, DC: Winston, 1977.

第 7 章 基于超视锐度及非连续自适应 MRF 模型的遥感图像超分辨率重建

统计重建方法的优点是在重建的过程中容易嵌入先验知识，算法的收敛性好，且重建的结果唯一。其中基于最大后验概率 MAP(maximum a posteriori) 超分辨率重建方法得到广泛的应用。而如何选择合理的先验模型，是统计重建方法中的重要问题。Cheeseman 等[1] 将高斯先验模型引入 MAP 重建方法中，对火星的遥感图像进行超分辨重建处理。Hardie 等[2] 基于 MAP 的重建方法对配准参数和高分辨率图像进行联合估计，所采用的先验模型是高斯马尔可夫随机场 (Gaussian Markov random field，GMRF) 先验，并对凝视焦平面热像仪的红外图像进行了超分辨率重建。Eismann 和 Hardie[3] 采用基于 MAP 的统计混合模型来提高高光谱图像的空间分辨率，其所采用的先验模型依然是 GMRF 先验模型，并且仅针对单幅的高光谱图像进行重建。Molina 等[4] 针对严重模糊的低分辨率图像提出基于 CGMRF(compound Gaussian Markov random field) 模型的 MAP 重建方法，并将其用于土星图像的超分辨率重建，针对引入复合 MRF 模型后的计算量较大的问题，提出了改进的 SA 算法和 ICM 算法。李平湘等[5] 采用具有边缘保护特性的 HMRF(Huber MRF) 模型的 MAP 重建方法，结合基于 L_1 范数的数据一致性约束对 MODIS 遥感数据进行了实验验证。

上述基于 MAP 的遥感图像超分辨率重建方法中，GMRF 模型重建的图像在非连续点 (比如边缘) 过于平滑。而 Huber MRF 模型选择，该模型重建的图像边缘的保持性方面优于 GMRF 模型，但是其算法优化过程的复杂度高于 GMRF 模型，另外模型的阈值 T 的选择并不容易确定，往往依据特定的重建对象根据经验加以选择，又 CGMRF 模型的计算量很大。上述的重建方法对初始的高分辨率图像估计均是对选定的参考低分辨率图像进行简单插值 (比如双线性插值) 来获取，没有融合多幅低分辨率图像的信息。

本章在 MAP 估计框架下对传统 MAP 算法进行了改进，提出了一种超视锐度机理和非连续自适应 DAMRF(discontinuity adaptive MRF) 模型相结合的超分辨率图像重建算法。重建实现中，受到生物视觉系统的超视锐度机理的启发 [6-11]，在重建时，先采用超视锐度机理估计高分辨率的初值，以克服常规的插值算法所得的高分辨率图像初始估计值的信息量的不足，并结合非连续自适应先验模型建模来提高图像的质量。所采用的非连续自适应 MRF 模型的优点是可以保护非连续性，其本质就是在穿越边缘的像素间交换度能够被自适应地调整以保持非连续性，并可克服常规先验模型不具有非连续性自适应的缺陷。

由于所采用的 DAMRF 为非凸函数，易使重建的解陷入局部最小解，故采用阶段非凸优化 (graduated non-convex，GNC) 算法，来近似获取全局最优解。

所提方法的总体框图如图 7.1 所示。分成三个模块：图像配准模块、仿蝇超视锐度模块、MAP+DAMRF 模块。首先低分辨率图像先经过配准，然后经由超视锐度机理实现初始的高分辨率图像估计，并输入到 MAP+DAMRF 模块进行重建获取高分辨率遥感图像。下面先介绍图像配准和超视锐度算法的实现，然后介绍 MAP 算法的基础理论，并针对 DAMRF 先验模型建模、参数估计和迭代最优化过程问题进行阐述，最后将 MAP+DAMRF 算法应用于模拟遥感图像和真实的遥感图像的重建试验，并对试验结果进行讨论和分析。

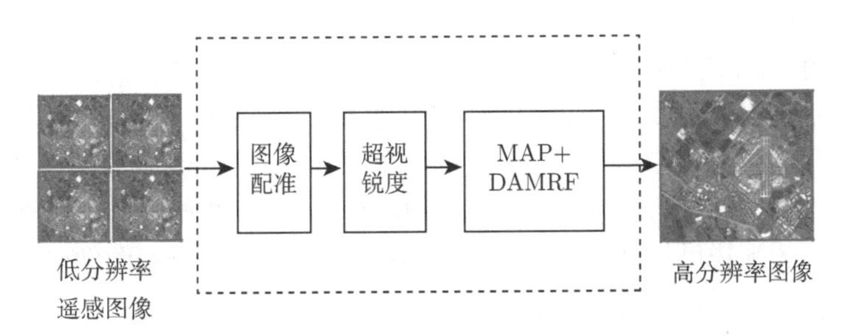

图 7.1 基于 DAMRF 模型的超分辨率重建框图

7.1 图像配准

虽然基于特征的图像配准在遥感图像配准中得到了广泛的应用，但是特征点的匹配的复杂性和可靠性没有得到很好的解决，另外当参考图像和待配准图像尺寸较小时，可供选择的特征点的数目偏少，此时基于特征的图像配准将无法进行。本书采用基于像素的图像配准方法，选用 Keren 方法[12]，其原理简要阐述如下。

设有参考图像 f_R 和待配准图像 f_I，假设这两幅图像间的水平位移为 a，垂直位移为 b，旋转角度为 θ，则有

$$f_I(x,y)=f_R(x\cos\theta-y\sin\theta+a,y\cos\theta+x\sin\theta+b) \tag{7.1}$$

对图像 $\sin\theta$，$\cos\theta$ 和 f_I 进行泰勒级数展开并忽略高次项，得

$$f_I(x,y)=f_R(x,y)+\left(a-y\theta-x\theta^2/2\right)\frac{\partial f_R}{\partial x}+\left(b+x\theta-y\theta^2/2\right)\frac{\partial f_R}{\partial y} \tag{7.2}$$

定义误差函数 $E(a,b,\theta)$ 如下：

$$E(a,b,\theta)=\left[f_R(x,y)+\left(a-y\theta-x\theta^2/2\right)\frac{\partial f_R}{\partial x}+\left(b+x\theta-y\theta^2/2\right)\frac{\partial f_R}{\partial y}-f_I(x,y)\right]^2 \tag{7.3}$$

图像配准的过程就是使误差函数 $E(a,b,\theta)$ 最小化的过程。通过最小化求得配准参数 a,b,θ。对于图像间的偏移和旋转较大的情况，在优化中还可以采用基于小波或金字塔的由粗到精的配准方法，以更进一步提高配准的精度和速度。

7.2 基于超视锐度机理的初始图像估计

通常的超分辨率重建算法中，初始的高分辨率图像往往是对选定的参考图像进行双线性插值放大或者更高阶的插值放大。这种方法获取的初始高分辨率图像没有利用整个低分辨率图像的信息。所谓超视锐度机理是指生物视觉系统的分辨能力大于其视觉感受器的性质。超视锐度在本质上是 (复眼) 视觉系统执行空间插值，产生超分辨能力。文中将各个低分辨率图像看作虚拟的复眼图像，并假定各个低分辨率图像的形变是仿复眼图像的位置偏差。通过各个低分辨率图像的配准参数，利用基于超视锐度机理 (即空间插值) 获取初始的高分辨率图像估计。

7.2.1 基于非均匀采样的立方插值实现超视锐度机理

非均匀采样立方插值 (nonuniform sample based cubic interpolation，NSCI) 中采用基于 Delaunay 三角网的插值方法，这是考虑到 Delaunay 三角网具有如下的优点：唯一性、空外圆特性、最大最小角特性，从而使得基于 Delaunay 三角网的插值适合于超视锐度机理的实现[13]。

具体实现步骤如下：

(1) 先在低分辨率图像序列中选定一参考图像，然后求取其他序列图像相对于参考图像的配准参数；

(2) 将参考图像放大到指定的倍数，获取高分辨率的规则网格；

(3) 将所有低分辨率图像投影到高分辨率的规则网格，获取放大了的非均匀采样图像；

(4) 构建 Delaunay 三角网，并在此基础上进行立方插值，将不规则格网转化为高分辨率规则格网，模仿复眼的超视锐度机理，获取初始的高分辨率图像。

7.2.2 基于归一化卷积的超视锐度机理实现

归一化卷积[14–16](normalized convolution，NC) 是一种局部信号重建技术，并通过基函数的投影来实现。 最常用的基函数是多项式基函数： $\{\boldsymbol{1},\boldsymbol{u},\boldsymbol{v},\boldsymbol{u}^2,\boldsymbol{v}^2,$

$\boldsymbol{uv},\cdots\}$，其中 $\mathbf{1}=[1\ 1\cdots1]$(共 N 个 1)，$\boldsymbol{u}=[u_1,u_2,\cdots,u_N]^{\mathrm{T}}$，$\boldsymbol{u}^2=\left[u_1^2,u_2^2,\cdots,u_N^2\right]^{\mathrm{T}}$ 等都是由输入低分辨率图像的局部坐标来构建的。在以 $\boldsymbol{s}_0=\{u_0,v_0\}$ 为中心的邻域内，$\boldsymbol{s}=\{u+u_0,v+v_0\}$ 处的灰度值可以由下式描述：

$$\hat{x}\left(\boldsymbol{s},\boldsymbol{s}_0\right)=p_0\left(\boldsymbol{s}_0\right)+p_1\left(\boldsymbol{s}_0\right)\boldsymbol{u}+p_2\left(\boldsymbol{s}_0\right)\boldsymbol{v}+p_3\left(\boldsymbol{s}_0\right)\boldsymbol{u}^2+p_4\left(\boldsymbol{s}_0\right)\boldsymbol{uv}+p_5\left(\boldsymbol{s}_0\right)\boldsymbol{v}^2+\cdots \tag{7.4}$$

式中，$\{\boldsymbol{u},\boldsymbol{v}\}$ 为位置 $\boldsymbol{s}$ 相对于以 $\boldsymbol{s}_0$ 为中心点的局部坐标，$\boldsymbol{p}\left(\boldsymbol{s}_0\right)=[p_0\ p_1\ p_2\cdots p_m]$ 为相应基函数的投影系数。

投影系数 $\boldsymbol{p}$ 可以通过加权最小二乘法来求取，目标函数由下式给出：

$$\varepsilon(\boldsymbol{s})_0=\int(x(\boldsymbol{s})-\hat{x}(\boldsymbol{s},\boldsymbol{s}_0))^2c(\boldsymbol{s})a(\boldsymbol{s}-\boldsymbol{s}_0)\mathrm{d}\boldsymbol{s} \tag{7.5}$$

式中，a 称为适应性函数，用来描述某一局部信号是如何受其邻域影响的，一般来说，类似高斯型的函数均可作为适应性函数。$c(\boldsymbol{s})$ 称为确定性函数，$0\leqslant c(\boldsymbol{s})\leqslant 1$，其表示对信号的确定性程度，如果是 0，则是完全不信任 $\boldsymbol{s}$ 处的测量值；如果是 1，则完全信任 $\boldsymbol{s}$ 处的测量值。

设给定的邻域系统有 N 个采样值，则最小二乘法求解的投影系数如下：

$$\boldsymbol{p}=\left(\boldsymbol{B}^{\mathrm{T}}\boldsymbol{W}\boldsymbol{B}\right)^{-1}\boldsymbol{B}^{\mathrm{T}}\boldsymbol{W}\boldsymbol{f} \tag{7.6}$$

式中，$\boldsymbol{f}$ 表示 $N\times 1$ 维的输入矩阵；$\boldsymbol{B}=[\boldsymbol{b}_1,\boldsymbol{b}_2,\cdots,\boldsymbol{b}_m]$ 是 $N\times m$ 维矩阵，表示基函数在 N 个输入采样信号局部坐标处的采样值，$\boldsymbol{W}=\mathrm{diag}(c)\cdot\mathrm{diag}(a)$ 是 $N\times N$ 维的对角矩阵。

本章算法的实现中，采用零阶 NC，其基函数为 $\{\mathbf{1}\}$，这是考虑到零阶 NC 计算代价小，而一阶以上的 NC 虽然可以更好地描述图像的结构特征，但是其计算代价大。

对于均匀采样，零阶 NC 可以用简单的卷积操作实现如下：

$$\hat{x}\left(\boldsymbol{s}\right)=\frac{a\left(\boldsymbol{s}\right)\otimes\left[c(\boldsymbol{s})x(\boldsymbol{s})\right]}{c\left(\boldsymbol{s}\right)\otimes c\left(\boldsymbol{s}\right)} \tag{7.7}$$

但是对于由各低分辨率图像投影到高分辨率网格后而形成的非均匀采样，确定性函数和适应性函数在均匀采样点处没有取值，所以不能直接利用式 (7.7)，但是我们可以通过近似处理来解决该问题。

对任意的均匀和非均匀样点 $\boldsymbol{s}$，确定性函数：

$$c\left(\boldsymbol{s}\right)=1 \tag{7.8}$$

适应性函数在均匀点处的采样值通过非均匀采样点到均匀采样点的距离 r 来确定:

$$a = \begin{cases} \exp\left(\dfrac{-r^2}{2w}\right), & r < r_{\max} \\ 0, & \text{其他} \end{cases} \tag{7.9}$$

式中, r 表示非均匀采样点到以均匀采样点为中心的距离; $r_{\max}$ 确定以均匀采样点为中心的邻域的大小。参数 w 控制适应性函数的形状。通过上述近似, 就可以由式 (7.7) 来实现超视锐度重建。

7.3 MAP+DAMRF 超分辨率重建算法

7.3.1 MAP 模型

本书采用的超分辨率重建模型如下:

$$\boldsymbol{y}_k = \boldsymbol{D}_k \boldsymbol{H}_k \boldsymbol{T}_k \boldsymbol{x} + \boldsymbol{\eta}_k, \quad k = 1, 2, \cdots, K \tag{7.10}$$

式中, $\boldsymbol{D}$, $\boldsymbol{H}$, $\boldsymbol{T}$ 说明参考式 (6.1)。上述模型可以写成矩阵形式:

$$\boldsymbol{y} = \boldsymbol{W}\boldsymbol{x} + \boldsymbol{\eta} \tag{7.11}$$

式中:

$$\boldsymbol{y} = \left[\boldsymbol{y}_1^{\mathrm{T}}, \boldsymbol{y}_2^{\mathrm{T}}, \cdots, \boldsymbol{y}_k^{\mathrm{T}}\right]^{\mathrm{T}}$$

$$\boldsymbol{W} = \left[\boldsymbol{D}_1 \boldsymbol{H}_1 \boldsymbol{T}_1, \boldsymbol{D}_2 \boldsymbol{H}_2 \boldsymbol{T}_2, \cdots, \boldsymbol{D}_k \boldsymbol{H}_k \boldsymbol{T}_k\right]^{\mathrm{T}}$$

$$\boldsymbol{\eta} = \left[\boldsymbol{\eta}_1^{\mathrm{T}}, \boldsymbol{\eta}_2^{\mathrm{T}}, \cdots, \boldsymbol{\eta}_k^{\mathrm{T}}\right]^{\mathrm{T}}$$

上述超分辨率重建问题是病态 (或不适定) 问题, 可以采用最大后验概率(MAP)统计方法来解决。即

$$\hat{\boldsymbol{x}} = \arg\max \Pr\left(\boldsymbol{x} | \boldsymbol{y}\right) \tag{7.12}$$

利用贝叶斯准则, 上式可以写为

$$\hat{\boldsymbol{x}} = \arg\max \Pr\left(\boldsymbol{y} | \boldsymbol{x}\right) \Pr\left(\boldsymbol{x}\right) / \Pr\left(\boldsymbol{y}\right) \tag{7.13}$$

由于上式的分母与 $\boldsymbol{x}$ 无关, 上式可以写为

$$\hat{\boldsymbol{x}} = \arg\max \Pr\left(\boldsymbol{y} | \boldsymbol{x}\right) \Pr\left(\boldsymbol{x}\right) \tag{7.14}$$

因为后文都假设概率密度是高斯型的, 为了计算方便, 上式可以进一步表示如下:

$$\hat{\boldsymbol{x}} = \arg\max E\left(\boldsymbol{x}\right) = \arg\min\{-\log[\Pr(\boldsymbol{y}|\boldsymbol{x})] - \log[\Pr(\boldsymbol{x})]\} \tag{7.15}$$

7.3.2 非连续自适应性 MRF(DAMRF) 先验模型

从式 (7.15) 可以看出，必须指定适当的图像先验模型，它是一个附加的先验知识或约束，可以将病态问题转化为良态或者适定的问题。下面简要阐述 MRF 随机场理论和 Gibbs 随机场理论[17,18]。

考虑一个定义在有限矩形格子上的离散二维随机场，坐标集合记为 $S = \{(i,j)\ |i = 1, 2, \cdots, N_1; j = 1, 2, \cdots, N_2\}$，再引进邻域 (∂S) 和簇 (C) 的概念之后，对于网格邻域系统 $(S, \partial S)$，随机场 $X = \{X_{ij}\,|(i,j) \in S\}$ 称为 MRF，当且仅当：

(1) $P(X) > 0$，$\forall X \in \aleph$，$\aleph$ 为随机场的状态空间；

(2) $P[X_{ij}\,|X_{kl}, \forall (k,l) \neq (i,j)] = P[X_{ij}\,|X_{kl}, (k,l) \in \partial S]$。

对于网格邻域系统 $(S, \partial S)$，随机场 $X = \{X_{ij}\,|(i,j) \in S\}$ 称为 MRF，当且仅当联合概率分布具有形式 $P(X) = (1/Z)\,\mathrm{e}^{-\frac{1}{T}U(X)}$，其中 $Z = \sum\limits_{X\in\aleph} \mathrm{e}^{-\frac{1}{T}U(X)}$ 称为划分函数，T 称为温度参数。$U(X) = \sum\limits_{c\in C} V_c(X)$ 为能量函数，$V_c(X)$ 是与簇 C 关联的簇势能函数。

MRF 刻画了随机场的局部 Markov 性，而 GRF 刻画了随机场的全局特性。

其中簇势能函数 $V_c(X)$ 的选择非常关键，因为它体现了待重建图像的先验信息，其可以选为如下的形式：

$$\sum_{c\in C} V_c(X) = \sum_{c\in C} g(d_c X) \tag{7.16}$$

式中，$d_c X$ 是图像的局部空间特性度量，它的选择要使得在平滑区域具有较小的值，而在边缘区域具有较大的值。

非连续性通常与图像的微分特性有关，假设 n 表示图像的水平或者垂直方向的梯度，则 MRF 模型对非连续性自适应的必要条件是

$$\lim_{n\to\infty} |g'(n)| = \lim_{n\to\infty} |2nh(n)| = C \tag{7.17}$$

式中，$C \in [0, \infty)$ 是一个常量，$h(n)$ 是反映图像相邻像素的交互关系，称为交互函数，$|g'(n)|$ 反映图像的平滑强度。当 $C = 0$，在 $n \to \infty$ 的非连续性点禁止平滑，而 $C > 0$ 允许限度的平滑。然而不论何种情况，交互函数 $h(n)$ 对于较大的值 $|n|$ 必须小，当 $|n| \to \infty$ 时，$h(n)$ 的值要逼近 0。

通常的选择是两种高斯先验模型：GMRF 模型和 HMRF 模型。

其中 GMRF 模型选择 $g(n) = n^2$，该模型重建的图像使得重建图像在边缘处过于平滑。由于 $\lim\limits_{n\to\infty} |g'(n)| = \lim\limits_{n\to\infty} |2n| = \infty$，所以 GMRF 模型不满足非连续自适应条件。另外由于平滑强度 $|g'(n)| = |2n|$ 与 $|n|$ 成正比关系，即图像的梯度大 (反

映图像的边缘)，即非连续性强，平滑也相应的增大，故 GMRF 模型不利于保护图像的边缘。

而 HMRF 模型选择 $g(n)=\begin{cases} n^2, & |n|\leqslant T \\ 2T|n|-T^2, & |n|>T \end{cases}$，该模型重建的图像边缘的保持性方面优于 GMRF 模型。由于在 $|n|\leqslant T$ 时，$\lim\limits_{n\to\infty}|g'(n)|=\lim\limits_{n\to\infty}|2n|\leqslant 2T$，在 $|n|>T$ 时，$\lim\limits_{n\to\infty}|g'(n)|=2T$，所以 HMRF 模型满足非连续自适应条件，且在非连续处是非零有界的平滑，但在某种程度上偏于“保守”。考虑到在超分辨率重建中，其算法优化过程的复杂度高于 GMRF 模型，另外模型的阈值 T 的选择并不容易确定，往往依据特定的重建对象根据经验加以选择。

Li 在其著作中[18] 列出了如下四个具有自适应非连续性势函数模型，都不需要设定阈值，且 $\lim\limits_{n\to\infty}|g'(n)|=0$。

$$\begin{aligned}
&(1)\ g_{1\gamma}(n)=\gamma-\gamma \mathrm{e}^{-n^2/\gamma} \\
&(2)\ g_{2\gamma}(n)=\gamma-\frac{\gamma}{1+n^2/\gamma} \\
&(3)\ g_{3\gamma}(n)=\gamma\ln\left(1+\frac{n^2}{\gamma}\right) \\
&(4)\ g_{4\gamma}(n)=\gamma|n|-\gamma^2\ln\left(1+\frac{|n|}{\gamma}\right)
\end{aligned} \tag{7.18}$$

上述自适应非连续性势函数中的参数 γ 可控制函数的形状。

考虑到计算效率问题，经过后文的实验验证，本书选择 DAMRF 模型如下：

$$g(n)=\gamma-\frac{\gamma}{1+n^2/\gamma}$$

其交互函数为

$$h(n)=\frac{1}{\left(1+n^2/\gamma\right)^2}$$

其形状如图 7.2 所示，图中 B_γ 表示凸性区间，在此区间内，$g_{3\gamma}(n)$ 是凸函数，且平滑强度 $|g'(n)|$ 随着 $|n|$ 的增加而单调增加。交互函数如图 7.3 所示。

使用上述 DA 函数，并采用一阶 MRF 邻域模型，即 $g(d_iX)$，其中：

$$\begin{aligned}
d_{i,j,1}X&=X_{i,j}-X_{i+1,j} \\
d_{i,j,2}X&=X_{i,j}-X_{i,j+1} \\
d_{i,j,3}X&=X_{i,j}-X_{i-1,j} \\
d_{i,j,4}X&=X_{i,j}-X_{i,j-1}
\end{aligned} \tag{7.19}$$

则

$$\sum_{c\in C}V_c(x)=\sum_{c\in C}g(d_cx)$$

$$
\begin{aligned}
&=\sum_{i=1}^{N_1}\sum_{j=1}^{N_2} 4\gamma-\gamma/\left\{1+\left[x\left(i,j\right)-x\left(i+1,j\right)\right]^2/\gamma\right\}\\
&-\gamma/\left\{1+\left[x\left(i,j\right)-x\left(i,j+1\right)\right]^2/\gamma\right\}\\
&-\gamma/\left\{1+\left[x\left(i,j\right)-x\left(i-1,j\right)\right]^2/\gamma\right\}\\
&-\gamma/\left\{1+\left[x\left(i,j\right)-x\left(i,j-1\right)\right]^2/\gamma\right\}
\end{aligned} \tag{7.20}
$$

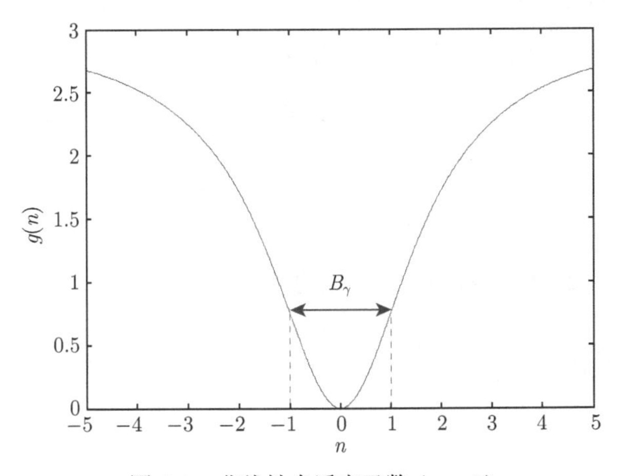

图 7.2 非线性自适应函数 $(\gamma=3)$

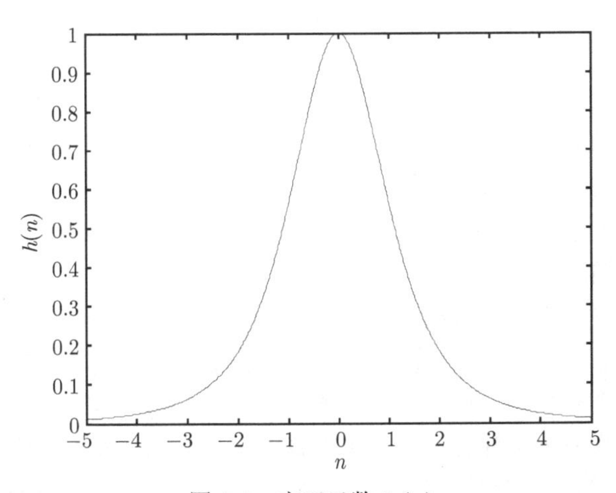

图 7.3 交互函数 $h\left(n\right)$

假设噪声服从高斯分布，则在 MRF-Gibbs 模型之下：高分辨率图像的估计可以通过下式获取：

$$\begin{aligned}\hat{\boldsymbol{x}} &= \arg\max_{\boldsymbol{x}} E(\boldsymbol{x}\,|\boldsymbol{y}) = \arg\min_{\boldsymbol{x}} \{-\log[\Pr(\boldsymbol{y}|\,\boldsymbol{x})] - \log[\Pr(\boldsymbol{x})]\} \\ &= \underset{x}{\operatorname{argmin}} \left(\sum_{k=1}^{K} \frac{\|\boldsymbol{y}_k - \boldsymbol{W}_k\boldsymbol{x}\|^2}{2\sigma^2} + \lambda \sum_{c\in C} V_c(x) \right)\end{aligned} \tag{7.21}$$

通过上式的最小化，即可获取高分辨率图像。

7.3.3 基于 GNC 优化算法的 MAP 实现

对于第 r 次迭代，式 (7.21) 中的代价函数 $E(x|y)$ 的梯度为

$$g^{(r)}(\boldsymbol{x}\,|\boldsymbol{y}) = \sum_{k=1}^{K} \frac{\boldsymbol{W}_k^{\mathrm{T}}(\boldsymbol{W}_k\boldsymbol{x} - \boldsymbol{y}_{\boldsymbol{k}})}{\sigma^2} + \lambda G^{(r)} \tag{7.22}$$

式中，λ 是平滑参数，梯度 G 在 (i,j) 处的值为

$$\begin{aligned}G^{(r)}(i,j) =& 2[x(i,j) - x(i+1,j)] \Big/ \left\{1 + [x(i,j) - x(i+1,j)]^2 \Big/ \gamma\right\}^2 \\ &+ 2[x(i,j) - x(i-1,j)] \Big/ \left\{1 + [x(i,j) - x(i-1,j)]^2 \Big/ \gamma\right\}^2 \\ &+ 2[x(i,j) - x(i,j+1)] \Big/ \left\{1 + [x(i,j) - x(i,j+1)]^2 \Big/ \gamma\right\}^2 \\ &+ 2[x(i,j) - x(i,j-1)] \Big/ \left\{1 + [x(i,j) - x(i,j-1)]^2 \Big/ \gamma\right\}^2\end{aligned} \tag{7.23}$$

由于所采用的 DAMRF 模型本身的非凸性，式 (7.21) 中的代价函数是非凸的。采用通常的基于梯度的迭代优化算法容易使得估计出的超分辨率图像陷入局部极小值。

文中，我们采用确定性退火方法：阶段非凸 GNC 优化算法，GNC 的思想[18,19]可以用图 7.4 来描述。

首先我们选择一个较大值的 γ 来保证代价函数是一个凸函数，记为 $E^0(\boldsymbol{x}\,|\boldsymbol{y})$，由于 $E^0(\boldsymbol{x}\,|\boldsymbol{y})$ 理论上只有一个最小解，故此可用梯度下降算法求取。所求取的解作为第二次迭代的初始解，第二次代价函数为 $E^1(\boldsymbol{x}\,|\boldsymbol{y})$，其中势函数中的 γ 值比开始的 γ 值小，然后再用梯度下降法求取最小值。这个过程不断进行迭代，每一次迭代，γ 都减少。直到达到所求的 $E(\boldsymbol{x}\,|\boldsymbol{y})$，最后对 $E(\boldsymbol{x}\,|\boldsymbol{y})$ 采用梯度下降法求出高分辨率图像。

整个基于 GNC 优化算法的超分辨率重建具体实现步骤如下：

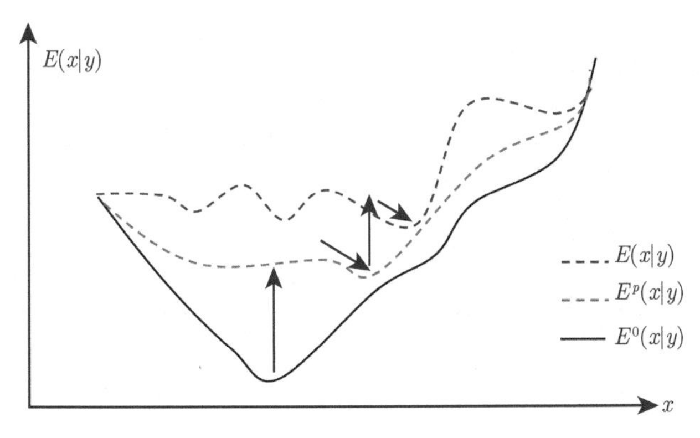

图 7.4 GNC 算法思想的图形描述

(1) 给定低分辨率图像序列 y_i、配准参数及 γ_{target}；

(2) 利用超视锐度机理重建初始的高分辨率图像；

(3) 选择 γ_0 保证代价函数是凸函数。由于所采用的 DAMRF 模型是 $g_{3\gamma}(n)$，而该函数的凸性为 $\left[-\sqrt{\gamma/3}, \sqrt{\gamma/3}\right]$，要保证代价函数是凸的，必须使得 $n^2 \leqslant \dfrac{\gamma}{3}$，即 $\gamma \geqslant 3n^2$，其中 n 表示图像的水平方向或者垂直方向的梯度。本书中选择 $\gamma_0 = 3n^2$；

(4) Do (a) 更新 $\boldsymbol{x}^{(k)}$，按照 $\boldsymbol{x}^{(k+1)} = \boldsymbol{x}^{(k)} - \varepsilon g_k(\boldsymbol{x}\,|\boldsymbol{y})$

(b) Set $k = k + 1$

(c) If $\left\|\boldsymbol{x}^{(k)} - \boldsymbol{x}^{(k-1)}\right\|^2 \Big/ \left\|\boldsymbol{x}^{(k)}\right\|^2 \leqslant \alpha$

Set $\gamma^{(k)} = \max\left(\gamma_{\text{target}}, \beta\gamma^{(k-1)}\right)$

Until $\left\|\boldsymbol{x}^{(k)} - \boldsymbol{x}^{(k-1)}\right\|^2 \Big/ \left\|\boldsymbol{x}^{(k)}\right\|^2 \leqslant \alpha$ 和 $\gamma^{(k)} = \gamma_{\text{target}}$

Set $\hat{\boldsymbol{x}} = \boldsymbol{x}^{(k)}$

其中 ε 是步长，α 是常数，用来测试收敛性，β 是控制参数，用来保证 $\gamma^{(k)}$ 不会过快地到达 γ_{target}。

7.4 实验结果与分析

为了验证本书算法的有效性，针对模拟的 IKONOS 遥感数据进行所提算法的验证，其中模拟的 IKONOS 遥感数据的空间分辨率提高因子为 4。实验一运动模型为全局平移，实验二为全局平移 + 旋转。

所采用的评价指标为峰值信噪比 (peak signal to noise ratio, PSNR)、均方根误差 (root of mean squared error, RMSE)、归一化均方根误差 (normalized root mean square error, NRMSE)、相对相关系数 ρ(comparative correlation)，它们的定义如下：

$$\text{峰值信噪比，PSNR} = 10\lg\frac{255^2}{\sum_{i=1}^{N}(x_i - \hat{x}_i)^2} \tag{7.24}$$

$$\text{均方根误差，RMSE} = \sqrt{\frac{\sum_{i=1}^{N}(x_i - \hat{x}_i)^2}{N}} \tag{7.25}$$

$$\text{归一化均方根误差，NRMSE} = \sqrt{\frac{\sum_{i=1}^{N}(x_i - \hat{x}_i)^2}{\sum_{i=1}^{N}x_i^2}} \tag{7.26}$$

$$\text{相对相关系数，}\rho = 1 - \frac{\sum_{i=1}^{N}(x_i - \hat{x}_i)^2}{\sum_{i=1}^{N}x_i^2} \tag{7.27}$$

式中，N 表示高分辨率参考图像的像素个数，x_i 表示高分辨率参考图像的第 i 个像素值，$\hat{x}_i$ 表示重建的高分辨率图像的第 i 个像素值。

四个评价指标中，PSNR 越大越好，理想值是无穷大；RMSE 和 NRMSE 越小越好，理想值是 0；ρ 值越大越好，理想值是 1。

7.4.1 全局平移的图像超分辨率重建实验

所用的原始遥感数据是南京紫金山南郊地区的 IKONOS 多光谱数据，获取时间是 2002 年 3 月 26 日。IKONOS 卫星是美国 Space Imaging 公司 1999 年发射的太阳同步轨道卫星，轨道高度是 680km。最大重访周期是 14 天。多光谱数据的空间分辨率是 4m。

本书选择 IKONOS 的蓝波段 (光谱范围是：0.45~0.52μm) 作为原始的高分辨率数据，大小为 256×256。如图 7.5 所示。

模拟低分辨率数据按照如下流程制作：

(1) 将原始 IKONOS 高分辨率图像在水平方向和垂直方向向上和向左分别移动 S_u 个像素和 S_l 个像素，见表 7.1 所示，共 16 组。

(2) 对偏移过的高分辨率图像进行高斯模糊操作，以模拟光学模糊，所使用的高斯模糊核的大小为 5，标准差为 1。

(3) 对上述模糊过的图像数据进行 4 倍的降采样，然后再加入高斯白噪声，噪声的标准差为 2。最后得到 16 幅低分辨率模拟图像。

其中低分辨率的参考图像如图 7.6 所示。

表 7.1 对高分辨率图像产生的 16 组偏移量

样本编号	1	2	3	4	5	6	7	8	9	10	11	12	13	14	15	16
S_{u}	0	0	1	0	2	0	3	1	1	2	1	3	2	2	3	3
S_{l}	0	1	0	2	0	3	0	1	2	1	3	1	2	3	2	3

实验中图像间的配准通过 Keren 算法来完成，具体实现时，通过三层的高斯金字塔来实现由粗到精的配准。对参考图像的双线性插值图像如图 7.7 所示。通过 NSCI 来实现超视锐度的初始估计及通过 NC 来实现超视锐度的初始估计分别见图 7.8 和图 7.9。

本书所提算法分别与双线性插值算法、GMRF 型 MAP 重建算法 (GMRF)、HMRF 型 MAP 重建算法 (HMRF) 进行了比较分析。其中新算法 1(通过 NSCI 来实现超视锐度的初始估计)、新算法 2(通过 NC 来实现超视锐度的初始估计)、GMRF 和 HMRF 重建算法中均采用式 (7.19) 的一阶 MRF 邻域模型，且优化算法选择梯度下降算法。在优化算法中，步长 ε 的选择和正则化参数 λ 的选择都通过试错法来决定。通过试错法来选择这些参数，有可能不是最优的选择，但是可以减少计算代价。另外，从总体上说，当正则化参数 λ 增加时，重建图像会变得模糊，而选择较小的步长 ε 可以保证算法收敛性快。

基于 GMRF 模型的 MAP 超分辨率重建算法中，优化算法采用梯度下降算法，迭代次数为 20 次，$\sigma^2=5$，步长 $\varepsilon=1$，正则化参数 $\lambda=0.05$，收敛准则 $\alpha\leqslant 5\times10^{-5}$ 或者达到设定的迭代次数，迭代第 12 次收敛。重建结果见图 7.10。

基于 HMRF 模型的 MAP 超分辨率重建算法中，迭代次数为 20 次，$\sigma^2=5$，步长 $\varepsilon=1.1$，正则化参数 $\lambda=0.05$，阈值 $T=0.8$，收敛准则为 $\alpha\leqslant 5\times10^{-5}$ 或者达到设定的迭代次数，迭代第 12 次收敛。重建结果见图 7.11。

通过 NSCI 来实现超视锐度初始估计的新重建算法中，迭代次数设为 20 次，$\sigma^2=5$，步长 $\varepsilon=1.1$，正则化参数 $\lambda=0.014$，$\gamma_{\mathrm{target}}=80$，收敛准则 $\alpha=5\times10^{-5}$，控制参数 $\beta=0.9$。迭代第 17 次收敛，重建结果见图 7.12。

通过 NC 来实现超视锐度初始估计的新重建算法中，迭代次数设为 20 次，$\sigma^2=5$，步长 $\varepsilon=1.2$，正则化参数 $\lambda=0.014$，$\gamma_{\mathrm{target}}=78$，收敛准则 $\alpha=5\times10^{-5}$ 或者达到设定的迭代次数，控制参数 $\beta=0.9$，适应性函数中的 $w=0.1$，$r_{\max}=4$。迭代第 12 次收敛，重建结果见图 7.13。

1) 各算法的分析比较

从图 7.10～图 7.13 可以看出，本书算法重建出的图像在建筑物的结构特征和道路轮廓等方面要好于双线性插值算法、GMRF+MAP 算法。新算法 1 重建效果略差于 HMRF+MAP 算法，但是优于双线性插值算法、GMRF+MAP 算法。新算法 2 重建效果优于其他算法。从表 7.2 中的各种算法的评价指标也可以看出，新算法 2 的 RMSE、NRMSE 都小于其他重建算法，也更接近于 0；又新算法 2 的 PSNR 以及 ρ 比其余三种重建算法都高，其中新算法 2 的 ρ 值更接近于 1。新算法 1 的各项评价指标略差于 HMRF+MAP 算法及新算法 2，但是优于其他算法。这表明本书算法保持图像非连续性性能的有效性。

图 7.5　原始的 IKONOS 蓝波段图像

图 7.6　低分辨率参考图像

需要说明的是，由于 HMRF 模型满足非连续自适应条件，且在非连续处是非零有界的平滑，但在某种程度上偏于“保守”，故此 HMRF+MAP 算法的重建效果仅次于新算法 2 的重建效果，但是优于其余算法。

图 7.7 参考图像双线性插值的图像

图 7.8 基于 NSCI 的超视锐度估计图像

另外从图 7.8 和图 7.9 以及表 7.2 可以看出，基于 NSCI 和 NC 的初始估计都有较好的评价指标 (NC 的初始估计评价指标甚至与 GMRF+MAP 算法相当)，这是由于模拟图像偏移量是整体平移，加上偏移量是在一个低分辨率像素以内，在将低分辨率图像投影到高分辨率网格时，又没有造成空洞和重叠，故此形成的非均匀样本在经 NSCI 和 NC 处理后效果较好。

图 7.9 基于 NC 的超视锐度估计图像

图 7.10 GMRF+MAP 方法重建的图像

图 7.11 HMRF+MAP 重建的图像

图 7.12 新算法 1 重建的图像

NSCI 实现超视锐度初始估计

图 7.13　新算法 2 重建的图像

NC 实现超视锐度初始估计

表 7.2　所提方法与其他超分辨率重建方法的比较(针对全局平移)

方法	PSNR	RMSE	NRMSE	ρ
双线性插值	24.8780	14.5426	0.2412	0.9418
NSCI	28.0092	10.1410	0.1682	0.9717
NC	29.6853	8.3613	0.1387	0.9808
GMRF	29.9654	8.0960	0.1343	0.9820
HMRF	30.2091	7.8720	0.1306	0.9830
新算法 1	29.9408	8.1189	0.1347	0.9819
新算法 2	31.2899	6.9509	0.1153	0.9867
理想	越大越好	越小越好	越小越好	1

2) 迭代次数变化时，超分辨率重建结果的评价指标分析比较

在超分辨率重建中，分别统计了四个评价指标 PSNR、RMSE、NRMSE、ρ 随迭代次数变化的情况，并针对双线性插值算法、GMRF 算法、HMRF 算法、新算法 1、新算法 2 五种算法进行分析比较，各算法的评价指标随迭代次数的变化曲线如图 7.14~图 7.17 所示。其中各算法在实现中均设定迭代次数为 20，收敛准则为 $\left\|\boldsymbol{x}^{(k)}-\boldsymbol{x}^{(k-1)}\right\|^2/\left\|\boldsymbol{x}^{(k)}\right\|^2 \leqslant 5\times10^{-5}$ 或者达到设定的迭代次数，其余各参数的设置见前面的实验部分。

由图 7.14~图 7.17 可以看出，随着迭代次数的增加，GMRF 算法、HMRF 算法、新算法 1、新算法 2 四种算法的 PSNR、ρ 的值均逐步提高，而 RMSE、NRMSE

的值均逐步减少。且对于每一次迭代，GMRF 算法、HMRF 算法、新算法 1、新算法 2 四种算法的四个评价指标均好于双线性插值。这表明 GMRF 算法、HMRF 算法及本书新算法的重建效果都优于双线性插值算法。另外，由图 7.14~图 7.17 还可以看出，新算法 2 的四种评价指标在每一次迭代时，均优于其余算法。相比于 GMRF 算法，新算法 1 在前 11 次迭代中，四个评价指标均优于 GMRF 算法，而从第 12 次迭代开始的评价指标略逊于 GMRF 算法。相比于 HMRF 算法，新算法

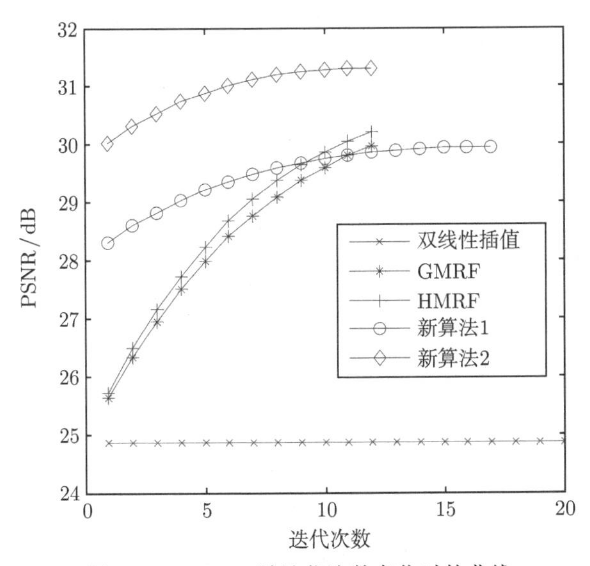

图 7.14 PSNR 随迭代次数变化时的曲线

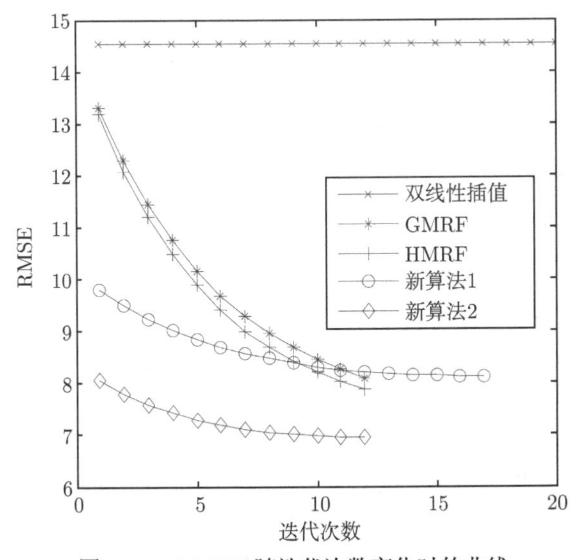

图 7.15 RMSE 随迭代次数变化时的曲线

1 在前 9 次迭代中，四个评价指标均优于 HMRF 算法，而从第 10 次迭代开始的评价指标略逊于 HMRF 算法。

从上述分析可见，新算法 2 的超分辨率重建效果在五种算法中最好。新算法 1 的超分辨率重建效果与迭代次数有关，在迭代的前期，重建效果优于 GMRF 算法、HMRF 算法，而在迭代的后期，重建效果与 GMRF 算法、HMRF 算法相当。分析表明本书所提的新算法是有效的。

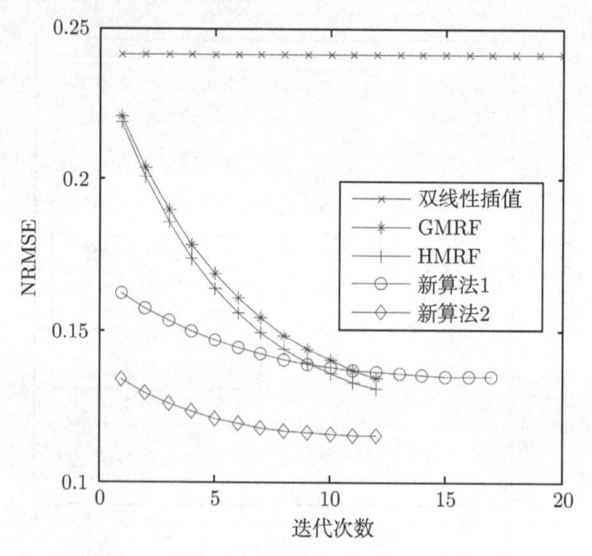

图 7.16 NRMSE 随迭代次数变化时的曲线

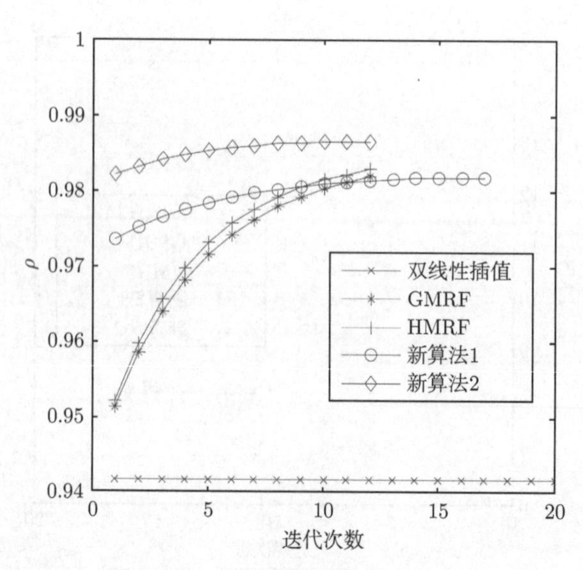

图 7.17 ρ 随迭代次数变化时的曲线

3) 迭代次数变化时，超分辨率重建的收敛性分析比较

针对收敛准则 $\left\|\boldsymbol{x}^{(k)}-\boldsymbol{x}^{(k-1)}\right\|^2\Big/\left\|\boldsymbol{x}^{(k)}\right\|^2 \leqslant 5\times 10^{-5}$，GMRF 算法、HMRF 算法、新算法 1、新算法 2 四种算法的收敛性准则随迭代次数的变化曲线如图 7.18 所示，实验中，各算法参数的设置见前面的实验部分。由图 7.18 可见，随着迭代次数的增加，四种算法的 $\left\|\boldsymbol{x}^{(k)}-\boldsymbol{x}^{(k-1)}\right\|^2\Big/\left\|\boldsymbol{x}^{(k)}\right\|^2$ 均逐步减少，在第 10 迭代时已接近收敛。其中，GMRF 算法、HMRF 算法、新算法 2 三种算法在第 12 次迭代均已收敛，而新算法 1 的收敛最慢，其在第 17 次迭代才收敛。

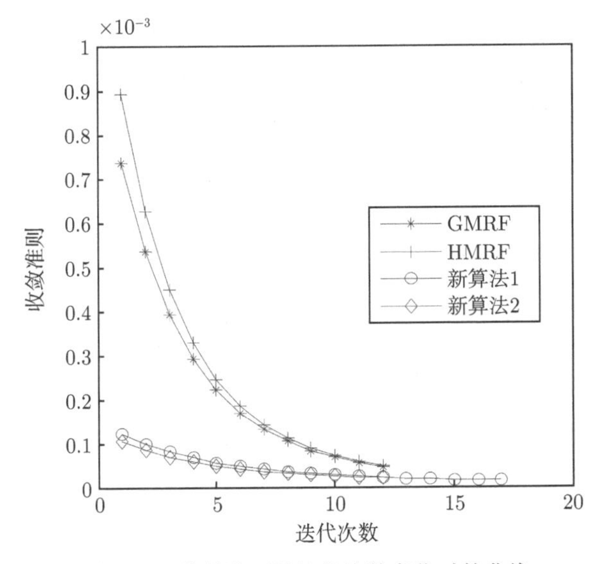

图 7.18 收敛准则随迭代次数变化时的曲线

4) 低分辨率图像的数目变化时，新算法的重建效果分析比较

针对新算法 1 和新算法 2，当超分辨率重建时使用的低分辨率图像数目变化时，四个评价指标 PSNR、RMSE、NRMSE、ρ 的变化曲线分别如图 7.19~图 7.22 所示。为了对比，图 7.19~图 7.22 中还分别给出了双线性插值算法的四个评价指标。新算法中针对不同的低分辨率图像数目，算法实现中的其余各参数的设置见 7.4.1 节的实验部分。其中采用的 i 个低分辨率图像是指形变参数样本 1 到样本 i(表 7.1) 所对应的图像。

由图 7.19~图 7.22 可见，随着重建时使用的低分辨率图像数目的逐步增加，新算法的四个评价指标 PSNR、RMSE、NRMSE、ρ 分别逐步地增加、减少、减少、增加，这表明，在重建时增加低分辨率图像数目，可以有效地改进重建效果。

从图 7.19~图 7.22 可以看出，新算法 1 除了重建的低分辨率图像数目为 1 时以外，四个评价指标均优于双线性插值。而新算法 2 在重建的低分辨率图像数目较大时，四个评价指标才优于双线性插值。

另外从图 7.19~图 7.22 还可以看出，当重建的低分辨率图像数目较小时，新算法 2 的重建效果劣于新算法 1 的重建效果，而当重建的低分辨率图像数目较大时，新算法 2 的重建效果优于新算法 1 的重建效果。

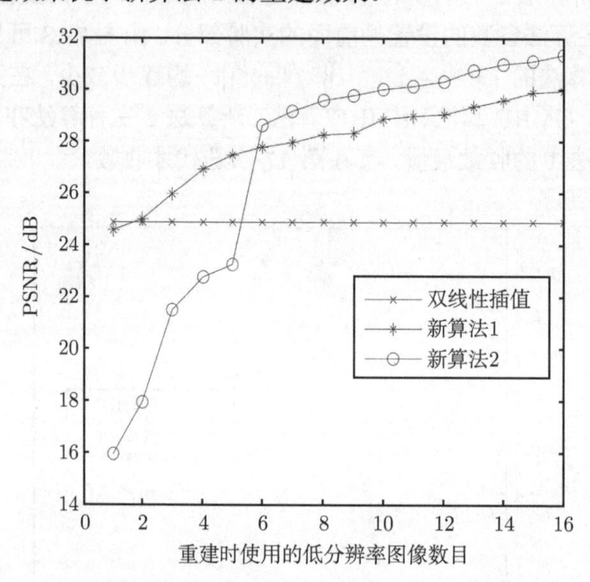

图 7.19 PSNR 随低分辨率图像数目变化时的曲线图

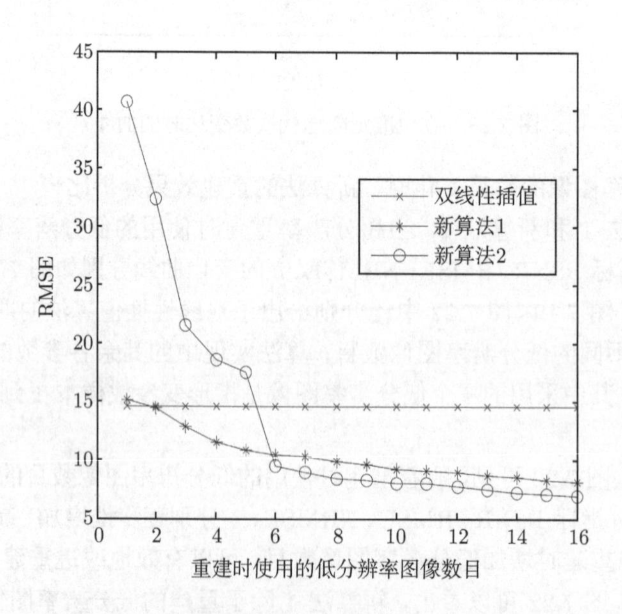

图 7.20 RMSE 随低分辨率图像数目变化时的曲线图

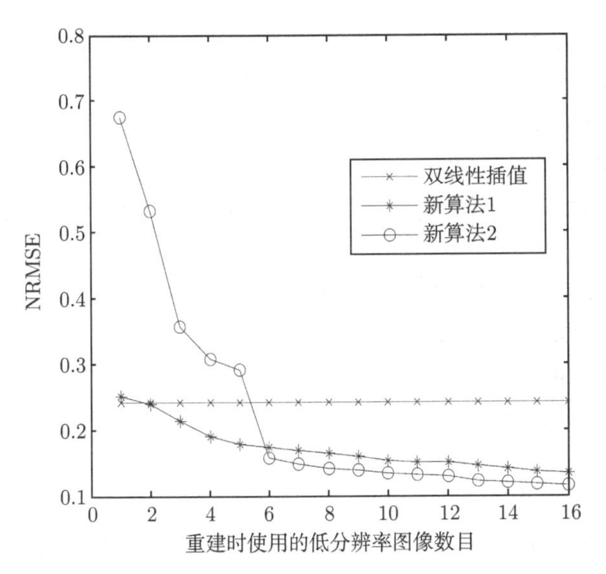

图 7.21 NRMSE 随低分辨率图像数目变化时的曲线图

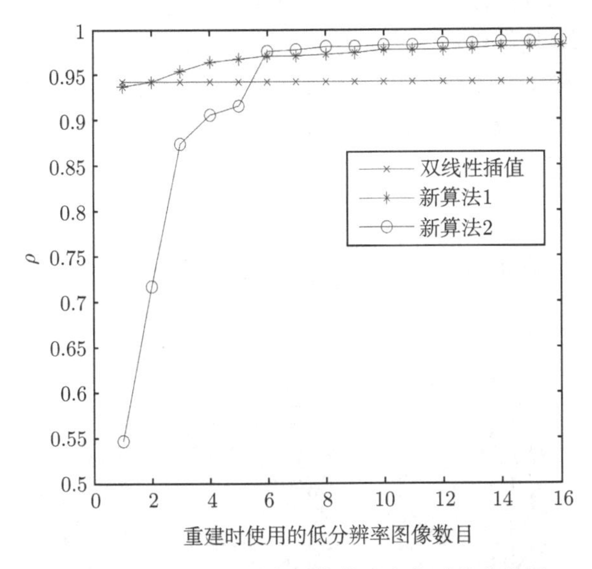

图 7.22 ρ 随低分辨率图像数目变化时的曲线图

7.4.2 全局平移和旋转的图像超分辨率重建实验

所用的原始遥感数据与实验一相同，模拟低分辨率图像的产生如下：

(1) 将原始 IKONOS 高分辨率图像绕图像中心旋转，旋转角度分布在 $[-2°, 2°]$ 间，共 16 组。

(2) 将旋转过的 IKONOS 高分辨率图像在水平方向和垂直方向向上和向左分别移动 S_{u} 个像素和 S_{l} 个像素，如表 7.1 所示，共 16 组。

(3) 对偏移过的高分辨率图像进行高斯模糊操作，以模拟光学模糊，所使用的高斯模糊核的大小为 5，标准差为 1。

(4) 对上述模糊过的图像数据进行 4 倍的降采样，然后再加入高斯白噪声，噪声的标准差为 1。

最后得到 16 幅既有全局平移也有旋转的低分辨率模拟图像，针对这些低分辨率图像进行分辨率提高因子为 4 的实验。

实验中图像间的配准算法与实验一相同，通过 Keren 算法来完成，具体实现时，通过三层的高斯金字塔来实现由粗到精的配准。对参考图像的双线性插值图像如图 7.7 所示。通过 NSCI 来实现超视锐度的初始估计及通过 NC 来实现超视锐度的初始估计分别见图 7.23 和图 7.24。

本章所提算法分别与双线性插值算法、GMRF 算法、HMRF 算法进行了比较分析。其中新算法 1(通过 NSCI 来实现超视锐度的初始估计)、新算法 2(通过 NC 来实现超视锐度的初始估计)、GMRF 和 HMRF 重建算法中均采用式 (7.19) 的一阶 MRF 邻域模型，且优化算法选择梯度下降算法。

基于 GMRF 模型的 MAP 超分辨率重建算法中，迭代次数为 20 次，$\sigma^2 = 5$，步长 $\varepsilon = 1.4$，正则化参数 $\lambda = 0.05$，收敛准则 $\alpha \leqslant 5 \times 10^{-5}$ 或者达到设定的迭代次数。重建结果见图 7.25。

图 7.23 基于 NSCI 的超视锐度估计图像

图 7.24 基于 NC 的超视锐度估计图像

图 7.25 GMRF+MAP 方法重建的图像

基于 HMRF 模型的 MAP 超分辨率重建算法中，迭代次数为 20 次，$\sigma^2 = 5$，步长 $\varepsilon = 2$，正则化参数 $\lambda = 0.05$，阈值 $T = 1$，收敛准则 $\alpha \leqslant 5 \times 10^{-5}$ 或者达到设定的迭代次数。重建结果见图 7.26。

通过 NSCI 来实现超视锐度初始估计的新重建算法中，迭代次数设为 20 次，$\sigma^2 = 5$，步长 $\varepsilon = 1.4$，正则化参数 $\lambda = 0.01$，$\gamma_{\text{target}} = 40$，收敛准则 $\alpha \leqslant 5 \times 10^{-5}$，控制参数 $\beta = 0.9$，适应性函数中的 $w = 0.13$，$r_{\max} = 4$。迭代第 20 次收敛，重建结果见图 7.27。

通过 NC 来实现超视锐度初始估计的新重建算法中，迭代次数设为 20 次，$\sigma^2 = 5$，步长 $\varepsilon = 1.3$，正则化参数 $\lambda = 0.014$，$\gamma_{\text{target}} = 20$，收敛准则 $\alpha \leqslant 5 \times 10^{-5}$ 或者达到设定的迭代次数，控制参数 $\beta = 0.9$，适应性函数中的 $w = 0.13$，$r_{\max} = 4$。迭代第 20 次收敛，重建结果见图 7.28。

表 7.3 给出了本书方法与其他超分辨率重建方法对四个评价指标 PSNR、RMSE、NRMSE、ρ 的比较。

从图 7.25~图 7.28 可以看出，从视觉效果上看，GMRF 算法、HMRF 算法及本书的新算法都优于双线性插值算法重建的图像。另外从视觉上也可以看出，新算法 1、新算法 2 的重建效果与 GMRF、HMRF 算法重建的效果相当，看不出明显区别，这四种算法重建出的图像在建筑物的结构特征和道路轮廓等方面都较好。

图 7.26 HMRF+MAP 方法重建的图像

图 7.27 新算法 1 重建的图像

图 7.28 新算法 2 重建的图像

从表 7.3 中各种算法的评价指标可以看出，新算法 2 的 RMSE、NRMSE 都小于其他重建算法，也更接近于 0；又新算法 2 的 PSNR 以及 ρ 比其余三种重建算法都高，其中新算法 2 的 PSNR 的值最大、ρ 值更接近于 1。新算法 1 的各项评价指标略差于 HMRF+MAP 算法及新算法 2，但是优于其他算法。这表明了本书算法保持图像非连续性性能的有效性。

表 7.3 本书方法与其他超分辨率重建方法的比较(针对全局平移 + 平移)

方法	PSNR	RMSE	NRMSE	ρ
双线性插值	24.8780	14.5426	0.2413	0.9418
NSCI	27.4997	10.7537	0.1783	0.9682
NC	28.5407	9.5391	0.1582	0.9750
GMRF	29.0186	9.0284	0.1497	0.9776
HMRF	29.3401	8.7003	0.1443	0.9792
新算法 1	29.1370	8.9062	0.1477	0.9782
新算法 2	29.7669	8.2831	0.1374	0.9811
理想	越大越好	越小越好	越小越好	1

另外由表 7.2 和表 7.3 可以看出，针对运动模型是全局平移 + 旋转的超分辨率重建效果总体上要优于运动模型是全局平移型的。

参 考 文 献

[1] Cheeseman P, Kanefsky B, Kraft R, et al. Super-Resolved Surface Reconstruction from Multiple Images. Kluwer Academic Pub, 1996: 293.

[2] Hardie R C, Barnard K J, Armstrong E E. Joint MAP registration and high-resolution

image estimation using asequence of undersampled images. IEEE Transactions on Image Processing, 1997, 6(12): 1621-1633.

[3] Eismann M T, Hardie R C. Hyperspectral resolution enhancement using high-resolution multispectral imagery with arbitrary response functions. IEEE Transactions on Geoscience and Remote Sensing, 2005, 43(3): 455-465.

[4] Molina R, Katsaggelos A K, Mateos J, et al. Restoration of severely blurred high range images using stochastic and deterministic relaxation algorithms in compound Gauss-Markov random fields. Pattern Recognition, 2000, 33(4): 555-571.

[5] 李平湘, 沈焕锋, 张良培. 影像超分辨率重建技术在遥感中的应用. 地理空间信息, 2007, 5(5): 1-3.

[6] Poggio T, Fahle M, Edelman S. Fast perceptual learning in visual hyperacuity. Science, 1992, 256(5059): 1018-1021.

[7] Brückner A, Duparré J, Bräuer A, et al. Artificial compound eye applying hyperacuity. Optics Express, 2006, 14(25): 12076-12084.

[8] Riley D T, Harman W M, Tomberlin E, et al. Musca domestica inspired machine vision system with hyperacuity. Proc. SPIE, 2005: 304-320.

[9] Weiss Y, Edelman S, Fahle M. Models of perceptual learning in vernier hyperacuity. Neural Computation, 1993, 5(5): 695-718.

[10] 刘晓东, 汪云九, 周昌乐, 等. 超视锐度研究及理论解释. 信息与控制, 2004, 33(3): 257-261.

[11] Heiligenberg W. Central processing of sensory information in electric fish. Journal of Comparative Physiology A: Neuroethology, Sensory, Neural, and Behavioral Physiology, 1987, 161(4): 621-631.

[12] Keren D, Peleg S, Brada R. Image sequence enhancement using sub-pixel displacements. IEEE Computer Society, 1988: 742-746.

[13] 徐青, 张艳. 遥感影像融合与分辨率增强技术. 北京: 科学出版社, 2007.

[14] Foster M P. Normalised Convolution Techniques. 2006.

[15] Pham T Q. Robust fusion of irregularly sampled data using adaptive normalized convolution. EURASIP Journal on Applied Signal Processing, 2006, (1-12).

[16] Katartzis A, Petrou M. Robust Bayesian estimation and normalised convolution for super-resolution image reconstruction. Pattern recognition, 2007, 1-7.

[17] 韩玉兵. 图像及视频序列的超分辨率重建. 南京: 东南大学, 2006.

[18] Li S Z. Markov Random Field Modeling in Image Analysis. Springer-Verlag, 2001.

[19] Blake A, Zisserman A. Visual Reconstruction. The MIT Press, 1987.

第8章　基于超视锐度及边缘保持 MRF 模型的遥感图像超分辨重建

常规的基于 MAP 超分辨率重建算法中，比如 GMRF 和 HMRF 模型，在重建实现中代价函数是凸函数，因此在优化实现过程中，可以避免上一章提及的代价函数是非凸函数的优化问题。代价函数是非凸函数不能获取全局最优解，虽然可以采用 GNC 或者 SA(模拟退火) 等优化算法来逼近最优解，但是计算代价高。

采用凸代价函数的优点是：

(1) 由于凸性代价函数有全局最优解，故此可以保证重建的高分辨率图像的稳定性，并且使得重建的过程对参数的变化不敏感；

(2) 在搜索全局最优解时，计算效率高。这是因为只有一个最优解，不需要克服非凸函数解易陷入局部极小问题，采用诸如梯度下降法等优化算法计算效率要高。

虽然 GMRF 模型中的代价函数是凸函数，但是由于所采用的先验模型是二次型函数，使得重建的图像在边缘处过于平滑。而 HMRF 先验模型虽然在边缘的保持性上要优于 GMRF 模型，但是其阈值 T 的选取不容易确定，往往依据特定的重建对象根据经验加以选择。

Hardie 等[1] 提出了一种联合实现配准参数估计和高分辨率图像估计的方法，用以解决低分辨率图像间的运动混叠问题。但是其采用的是 GMRF 模型，且初始高分辨率的估计仅是对任意一幅低分辨率图像的双线性插值放大。

孟庆武受到 Hardie 工作的启发[2,3]，提出一种联合估计混叠度、运动参数和高分辨率图像的算法，以提高超分辨率处理的适应性，并对模拟的卫星遥感图像进行了实验。

本章在 MAP 估计框架下对传统 MAP 算法进行了改进，提出了一种超视锐度机理和边缘保持 MRF(edge preserving MRF，EPMRF) 模型相结合的联合超分辨率图像重建算法。重建实现中，受到生物视觉系统的超视锐度机理的启发[4−9]，在重建时，先采用超视锐度机理估计高分辨率的初值，以克服常规的插值算法所得的高分辨率图像初始估计值的信息量的不足，然后对配准参数和高分辨率图像重建联合进行，并结合 EPMRF 模型建模来提高图像的质量。所采用的 EPMRF 模型的优点是具有较好的图像边缘保持特性。

所提方法的总体框图如图 8.1 所示。分成三个模块：图像配准模块、超视锐度模块、MAP+EPMRF 模块。首先低分辨率图像先经过配准，然后经由超视锐度机理实现初始的高分辨率图像估计，并输入到 MAP+EPMRF 模块进行重建获取高分辨率遥感图像。下面先介绍联合图像配准和高分辨率图像的估计模型，然后介绍 MAP 算法的 EPMRF 先验模型，并针对该模型的建模、参数估计和迭代最优化过程问题进行阐述，最后将 MAP+EPMRF 算法应用于模拟遥感图像的重建试验，并对试验结果进行讨论和分析。

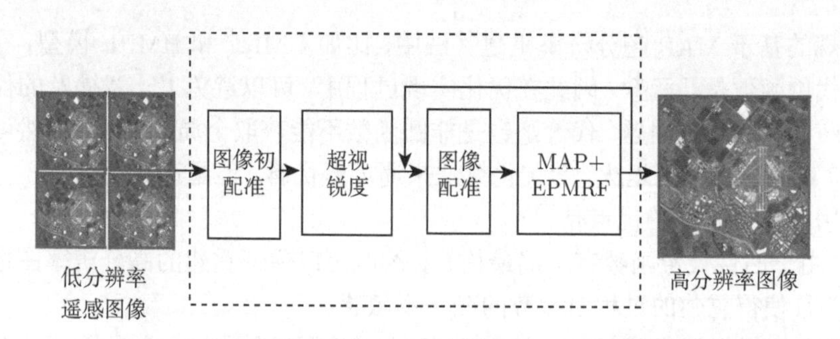

图 8.1　基于 EPMRF 模型的超分辨率重建框图

配准和超视锐度的初始估计请参见第 7 章。其中图像的初配准是为了实现高分辨率图像的初始估计。后面的配准参数和高分辨率图像估计同时进行，通过迭代优化，配准参数逐步获取最优解。由第 7 章的实验部分可知，基于归一化卷积 NC 的超视锐度初始超分辨率估计精度较高，故此本章选择该方法。

8.1　联合图像配准和高分辨图像估计的建模

8.1.1　联合配准参数估计的 MAP 模型

低分辨率遥感图像在获取过程中由于探测器阵列不够密集，导致采样率不足，使得图像存在混叠，当图像混叠达到一定程度时，导致配准精度下降严重。而联合配准参数估计和超分辨率重建主要是用来克服图像获取中的混叠，以解决图像配准本身的病态性。

本书采用的联合配准参数和超分辨率重建模型如下：

$$\boldsymbol{y}_k = \boldsymbol{D}_k\boldsymbol{H}_k\boldsymbol{T}_k(\boldsymbol{r}_k)\boldsymbol{x} + \eta_k = \boldsymbol{W}_k(\boldsymbol{r}_k)\boldsymbol{x} + \boldsymbol{\eta}_k, \quad k = 1, 2, \cdots, K \tag{8.1}$$

式中，$\boldsymbol{D}$，$\boldsymbol{H}$，$\boldsymbol{T}$ 说明参考式 (6.1)，上述模型也可以写成如下形式：

$$\boldsymbol{y} = \boldsymbol{W}(\boldsymbol{r})\boldsymbol{x} + \boldsymbol{\eta} \tag{8.2}$$

式中，$\boldsymbol{y}=\left[y_1^{\mathrm{T}},y_2^{\mathrm{T}},\cdots,y_k^{\mathrm{T}}\right]^{\mathrm{T}}$，$\boldsymbol{W}=[\boldsymbol{D}_1\boldsymbol{H}_1\boldsymbol{T}_1(\boldsymbol{r}_1),\boldsymbol{D}_2\boldsymbol{H}_2\boldsymbol{T}_2(\boldsymbol{r}_2),\cdots,\boldsymbol{D}_k\boldsymbol{H}_k\boldsymbol{T}_k(\boldsymbol{r}_k)]^{\mathrm{T}}$，$\boldsymbol{\eta}=\left[\boldsymbol{\eta}_1^{\mathrm{T}},\ \boldsymbol{\eta}_2^{\mathrm{T}},\ \cdots,\ \boldsymbol{\eta}_k^{\mathrm{T}}\right]^{\mathrm{T}}$。

上述超分辨率重建问题是病态 (或不适定) 问题，可以采用最大后验概率(MAP)统计方法来解决。即

$$\hat{\boldsymbol{x}},\hat{\boldsymbol{r}}=\arg\max_{\boldsymbol{x},\boldsymbol{r}}\Pr(\boldsymbol{x},\boldsymbol{r}\,|\boldsymbol{y}) \tag{8.3}$$

利用贝叶斯准则，上式可以写做：

$$\hat{\boldsymbol{x}},\hat{\boldsymbol{r}}=\arg\max_{\boldsymbol{x},\boldsymbol{r}}\Pr(\boldsymbol{y}|\,\boldsymbol{x},\boldsymbol{r})\Pr(\boldsymbol{x},\boldsymbol{r})/\Pr(\boldsymbol{y}) \tag{8.4}$$

由于上式的分母与 $\boldsymbol{x}$ 或 $\boldsymbol{s}$ 无关，并且 $\boldsymbol{x}$ 和 $\boldsymbol{s}$ 在统计上是相互独立的，因此上式可以写为

$$\hat{\boldsymbol{x}},\hat{\boldsymbol{r}}=\arg\max_{\boldsymbol{x},\boldsymbol{r}}\Pr(\boldsymbol{y}|\,\boldsymbol{x},\boldsymbol{r})\Pr(\boldsymbol{x})\Pr(\boldsymbol{r}) \tag{8.5}$$

假设上式中：①概率密度都是高斯型的；②图像的信噪比较高；③配准参数的数目相对较小。在这些假设的基础上，可以不再考虑 $\Pr(\boldsymbol{r})$ 的影响。

上式可以进一步表示如下：

$$\hat{\boldsymbol{x}},\hat{\boldsymbol{r}}=\arg\max_{\boldsymbol{x},\boldsymbol{r}}E(\boldsymbol{x},\boldsymbol{r})=\arg\min\{-\log[\Pr(\boldsymbol{y}|\,\boldsymbol{x},\boldsymbol{r})]-\log[\Pr(\boldsymbol{x})]\} \tag{8.6}$$

在给定簇势能函数 $V_c(X)$ 的条件下，上式可以表示如下：

$$\begin{aligned}\hat{\boldsymbol{x}},\hat{\boldsymbol{r}}&=\arg\max_{\boldsymbol{x},\boldsymbol{r}}E(\boldsymbol{x},\boldsymbol{r})=\underset{\boldsymbol{x},\boldsymbol{r}}{\operatorname{argmin}}\left(\sum_{k=1}^{K}\frac{\|\boldsymbol{y_k}-\boldsymbol{W}_k(\boldsymbol{r}_k)\,\boldsymbol{x}\|^2}{2\sigma^2}+\frac{\lambda}{2}\sum_{c\in C}V_c(\boldsymbol{x})\right)\\&=\arg\min_{\boldsymbol{x},\boldsymbol{r}}\left(\frac{1}{2\sigma^2}\|\boldsymbol{y}-\boldsymbol{W}(\boldsymbol{r})\,\boldsymbol{x}\|^2+\frac{\lambda}{2}\sum_{c\in C}V_c(\boldsymbol{x})\right)\end{aligned} \tag{8.7}$$

在图像配准和超分辨率重建的联合方法中，估计配准参数时不再将低分辨率图像相互比较，而是隐含着将高分辨率图像 $\boldsymbol{x}$ 作为参考图像，对其位移后的图像 $\boldsymbol{T}_k(\boldsymbol{r}_k)\,\boldsymbol{x}$ 进行配准。

给定当前的估计 $\hat{\boldsymbol{x}}$，配准参数 $\hat{\boldsymbol{r}}$ 的估计为

$$\hat{\boldsymbol{r}}=\arg\max_{\boldsymbol{r}}E(\hat{\boldsymbol{x}},\boldsymbol{r})=\arg\min_{\boldsymbol{r}}\frac{1}{2\sigma^2}\|\boldsymbol{y}-\boldsymbol{W}(\boldsymbol{r})\,\boldsymbol{x}\|^2 \tag{8.8}$$

上述配准参数的最优估计是使得所有的低分辨率帧的配准误差总和最小，也相当于对每个单独的低分辨率图像，使得配准误差最小，即

$$\hat{\boldsymbol{r}}_k=\arg\max_{\boldsymbol{r}_k}E(\hat{\boldsymbol{x}},\boldsymbol{r}_k)=\arg\min_{\boldsymbol{r}_k}\frac{1}{2\sigma^2}\|\boldsymbol{y}_k-\boldsymbol{W}_k(\boldsymbol{r}_k)\,\boldsymbol{x}\|^2 \tag{8.9}$$

上式关于求解配准参数 $\boldsymbol{r}_k$ 并不容易，一般通过常用的迭代算法加以逼近，本章采用 Keren 配准算法。

8.1.2　边缘保持 MRF 先验模型

为了更好地保留重建图像的边缘，选择半二次势函数形式的 MRF 先验模型，其势函数为：$g(n)=2\sqrt{1+n^2}-2$，其对于 n 较小的值，逼近二次形式，而对于 n 较大的值，n 是线性的。其形状如图 8.2 所示。由图 8.2 可见，半二次势函数是严格凸形且所有点连续的可导函数。另外依据 Charbonnier[10] 定义的具有边缘保持能力的正则化项满足的七个条件分别是：

基本假设：

(1) $g(t)\geqslant 0,\forall t$ 且 $g(0)=0$；

(2) $g(t)=g(-t)$；

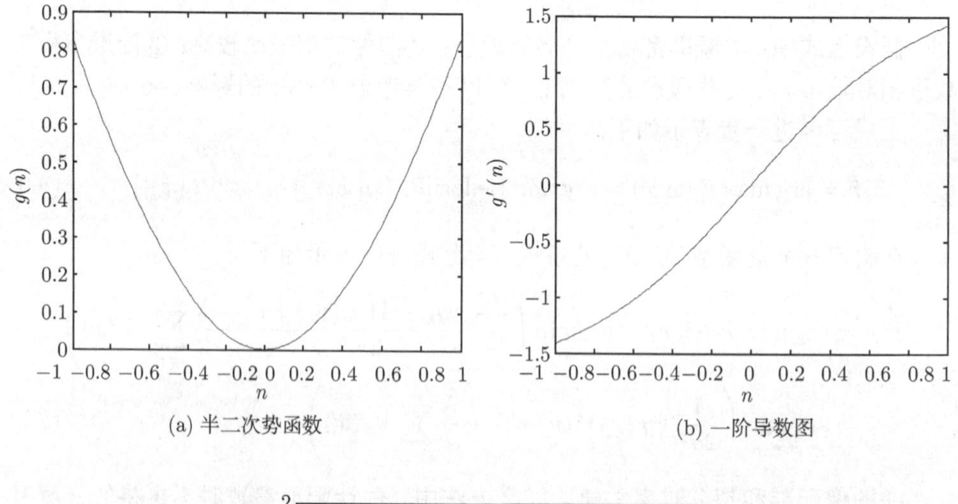

(a) 半二次势函数　　(b) 一阶导数图

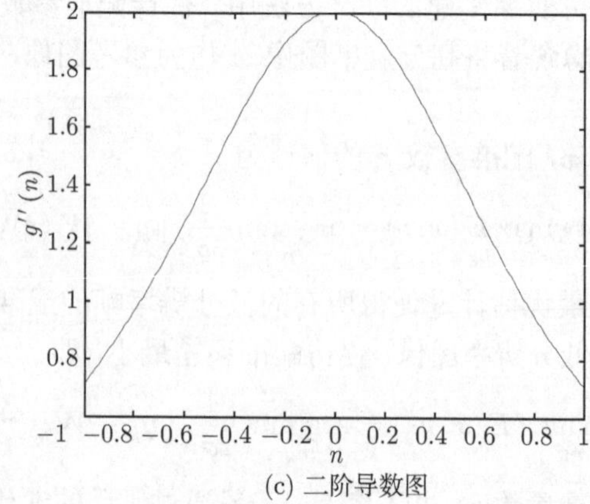

(c) 二阶导数图

图 8.2　半二次势函数及其一阶、二阶导数图

(3) $g(t)$ 连续可微;

(4) $g'(t) \geqslant 0,\ \forall t \geqslant 0$。

边界保持:

(5) $g'(t)/2t$ 连续且在 $[0,+\infty)$ 上严格递减;

(6) $\lim\limits_{t\to+\infty} \dfrac{g'(t)}{2t} = 0$;

(7) $\lim\limits_{t\to 0^+} \dfrac{g'(t)}{2t} = M,\ 0 < M < +\infty$。

容易验证半二次势函数满足上述七个条件。

由于上述势函数是严格凸的，故此在给定配准参数的情况下的优化算法可以由梯度下降算法来实现。

8.1.3 梯度计算及正则化参数的确定

使用上述 EP(边缘保持) 势函数，考虑到计算代价，采用一阶 MRF 邻域模型，即

$$
\begin{aligned}
d_{i,j,1}x &= x(i,j) - x(i,j-1) \\
d_{i,j,2}x &= x(i,j) - x(i,j+1) \\
d_{i,j,3}x &= x(i,j) - x(i-1,j) \\
d_{i,j,4}x &= x(i,j) - x(i+1,j)
\end{aligned} \tag{8.10}
$$

则该方法中的平滑测度由当前的高分辨率像素所在位置的两个方向像素形成：水平方向、垂直方向。

假设噪声服从高斯分布，则在 EPMRF-Gibbs 模型之下，在给定配准参数的情况下，高分辨率图像的估计可以通过下式获取：

$$
\begin{aligned}
\hat{\boldsymbol{x}} &= \arg\max_{\boldsymbol{x}} E(\boldsymbol{x}\,|\boldsymbol{y}) = \arg\min_{\boldsymbol{x}} \{-\log[\Pr(\boldsymbol{y}|\,\boldsymbol{x})] - \log[\Pr(\boldsymbol{x})]\} \\
&= \arg\min_{\boldsymbol{x}} \left(\sum_{k=1}^{K} \frac{\|\boldsymbol{y_k} - \mathbf{W}_k\boldsymbol{x}\|^2}{2\sigma^2} + \frac{\lambda}{2}\sum_{c\in C} V_c(\boldsymbol{x}) \right)
\end{aligned} \tag{8.11}
$$

则代价函数如下：

$$
\begin{aligned}
E(\boldsymbol{x},\boldsymbol{r}) &= \{-\log[\Pr(\boldsymbol{y}|\,\boldsymbol{x},\boldsymbol{s})] - \log[\Pr(\boldsymbol{x})]\} \\
&= \sum_{k=1}^{K} \frac{\|\boldsymbol{y}_k - \mathbf{W}_k\boldsymbol{x}\|^2}{2\sigma^2} \\
&\quad + \frac{\lambda}{2}\left(\sum_{i=1}^{N_1}\sum_{j=1}^{N_2} 2\sqrt{1 + [x(i,j) - x(i+1,j)]^2} \right.
\end{aligned}
$$

$$
\begin{aligned}
&+2\sqrt{1+\left[x\left(i,j\right)-x\left(i-1,j\right)\right]^2}\\
&+2\sqrt{1+\left[x\left(i,j\right)-x\left(i,j+1\right)\right]^2}\\
&\left.+\,2\sqrt{1+\left[x\left(i,j\right)-x\left(i,j-1\right)\right]^2}-8\right)
\end{aligned}
\tag{8.12}
$$

对于第 q 次迭代，给定当前的估计 $\hat{\boldsymbol{r}}_k^{(q)}$，则式 (8.12) 的梯度为

$$
g^{(q)}\left(\boldsymbol{x}\,|\boldsymbol{y}\right)=\sum_{k=1}^{K}\frac{\boldsymbol{W}_k^{\mathrm{T}}\left(\boldsymbol{r}_k^{(q)}\right)\left(\boldsymbol{W}_k\left(\boldsymbol{r}_k^{(q)}\right)\boldsymbol{x}-\boldsymbol{y}_{\boldsymbol{k}}\right)}{\sigma^2}+\lambda G^{(q)} \tag{8.13}
$$

式中，λ 是平滑参数，梯度 G 在 (i,j) 处的值为

$$
\begin{aligned}
G^{(q)}\left(i,j\right)=&2\left[x\left(i,j\right)-x\left(i+1,j\right)\right]\Big/\sqrt{1+\left[x\left(i,j\right)-x\left(i+1,j\right)\right]^2}\\
&+\;2\left[x\left(i,j\right)-x\left(i-1,j\right)\right]\Big/\sqrt{1+\left[x\left(i,j\right)-x\left(i-1,j\right)\right]^2}\\
&+\;2\left[x\left(i,j\right)-x\left(i,j+1\right)\right]\Big/\sqrt{1+\left[x\left(i,j\right)-x\left(i,j+1\right)\right]^2}\\
&+\;2\left[x\left(i,j\right)-x\left(i,j-1\right)\right]\Big/\sqrt{1+\left[x\left(i,j\right)-x\left(i,j-1\right)\right]^2}
\end{aligned}
\tag{8.14}
$$

针对式 (8.13) 中的正则化参数 λ，在第 7 章中，我们根据试错法来选择，由于该方法不容易确定正则化参数。我们依据 He 的推论[11]，拟采用自适应正则化参数。

根据式 (8.7)，代价函数为

$$
\begin{aligned}
E\left(\boldsymbol{x},\boldsymbol{r}\right)&=\sum_{k=1}^{K}\frac{\left\|\boldsymbol{y}_{\boldsymbol{k}}-\boldsymbol{W}_k\left(\boldsymbol{r}_k\right)\boldsymbol{x}\right\|^2}{2\sigma^2}+\frac{\lambda}{2}\sum_{c\in C}V_c\left(\boldsymbol{x}\right)\\
&=\sum_{k=1}^{K}\left(\frac{\left\|\boldsymbol{y}_{\boldsymbol{k}}-\boldsymbol{W}_k\left(\boldsymbol{r}_k\right)\boldsymbol{x}\right\|^2}{2\sigma^2}+\frac{\lambda_k}{2}\sum_{c\in C}V_c\left(\boldsymbol{x}\right)\right)
\end{aligned}
\tag{8.15}
$$

选择正则化参数为

$$
\lambda_k=\frac{\left\|\boldsymbol{y}_k-\boldsymbol{W}_k\left(\boldsymbol{r}_k\right)\boldsymbol{x}\right\|^2}{\xi-\left\|\sum_{c\in C}V_c\left(\boldsymbol{x}\right)\right\|^2} \tag{8.16}
$$

代价函数收敛的充分条件 $0<\lambda_k<1$，因此 ξ 的选择要保证：

$$
\xi-\left\|\sum_{c\in C}V_c\left(\boldsymbol{x}\right)\right\|^2>\left\|\boldsymbol{y}_k-\boldsymbol{W}_k\left(\boldsymbol{r}_k\right)\boldsymbol{x}\right\|^2 \tag{8.17}
$$

因为 $\boldsymbol{W}_k(\boldsymbol{r}_k)\boldsymbol{x}$ 所有的像素值都是正值，所以 $\boldsymbol{y}_k \geqslant \|\boldsymbol{y}_k - \boldsymbol{W}_k(\boldsymbol{r}_k)\boldsymbol{x}\|^2$。又因为总是假设高分辨率图像 $\boldsymbol{x}$ 低频部分的能量高于高频部分的能量，故 $\boldsymbol{y}_k \geqslant \left\|\sum_{c\in C} V_c(\boldsymbol{x})\right\|^2$。因此选择 $\xi = 2\|y_k\|^2$，可以满足式 (8.17)。

可得

$$\lambda_k = \frac{\|\boldsymbol{y}_k - \boldsymbol{W}_k(\boldsymbol{r}_k)\boldsymbol{x}\|^2}{2\|y_k\|^2 - \left\|\sum_{c\in C} V_c(\boldsymbol{x})\right\|^2} \tag{8.18}$$

由式 (8.18)，得到自适应的正则化参数为

$$\lambda = \sum_{k=1}^{K}\lambda_k = \sum_{k=1}^{K}\frac{\|\boldsymbol{y}_k - \boldsymbol{W}_k(\boldsymbol{r}_k)\boldsymbol{x}\|^2}{2\|y_k\|^2 - \left\|\sum_{c\in C} V_c(\boldsymbol{x})\right\|^2} \tag{8.19}$$

8.1.4 算法实现步骤

联合配准参数估计和高分辨率图像估计的实现方案描述如下：

(1) 采用 Keren 配准算法，获取初始的配准参数 $\boldsymbol{r}_0$；

(2) 根据超视锐度机理，利用 $\boldsymbol{r}_0$ 和 NC 实现初始高分辨率图像 $\boldsymbol{x}_0$，迭代次数 $q=0$；

(3) 对 $k=1,2,\cdots,K$，根据式 (8.9) 得出配准参数 $\boldsymbol{r}_k^{(q)}$；

(4) 根据式 (8.13) 和式 (8.19) 计算梯度 $g^{(q)}(\boldsymbol{x}\,|\boldsymbol{y})$；

(5) 给定步长 $\varepsilon^{(q)}$，对 $k=1,2,\cdots,K$，使 $\hat{\boldsymbol{x}}_k^{(q+1)} = \hat{\boldsymbol{x}}_k^{(q+1)} - \varepsilon^{(q)} g^{(q)}\left(\hat{\boldsymbol{x}}^{(q)}, \hat{\boldsymbol{r}}^{(q)}\right)$；

(6) 如果 $\left\|\hat{\boldsymbol{x}}_k^{(q+1)} - \hat{\boldsymbol{x}}_k^{(q)}\right\| \Big/ \hat{\boldsymbol{x}}_k^{(q)} \leqslant \alpha$ 或达到设定的迭代次数，停止循环；

(7) 使得 $q=q+1$，回到步骤 (3)。

8.2 实验结果与分析

实验所用的低分辨率图像数据和第 7 章实验部分相同。实验分为两种类型：全局平移和全局平移 + 旋转。其中实验一为全局平移，实验二为全局平移 + 旋转。实验中图像间的配准通过 Keren 算法来完成，具体实现时，通过三层的高斯金字塔来实现由粗到精的配准。另外本章实验中的超视锐度估计均采用 NC 方法，其中适应性函数的选择见式 (7.9)。

8.2.1 全局平移的图像超分辨率重建实验

进行分辨率提高为 4 倍的超分辨率重建，模拟低分辨率数据制作与 7.4.1 节相同。本章算法的仿真结果与双线性插值、GMRF+MAP、HMRF+MAP、NC+

DAMRF+MAP、Hardie 等提出的联合配准参数估计和高分辨率图像估计的方法分别进行了比较分析。其中除了双线性插值、Hardie 算法外，其余的算法均采用一阶 MRF 邻域系统。其中 Hardie 方法采用的是四邻域的高斯核，且初始估计采用双线性插值实现。

双线性插值、GMRF+MAP、HMRF+MAP、NC+DAMRF+MAP(第 7 章的新算法 2) 的仿真结果分别见图 7.7、图 7.10、图 7.11、图 7.13。Hardie 算法重建的结果见图 8.3。本书算法的仿真结果见图 8.4。

图 8.3 Hardie 联合实现算法的重建图像

图 8.4 新算法的重建图像

GMRF+MAP、HMRF+MAP、NC+DAMRF+MAP(第 7 章的新算法 2) 各实

现方法中的参数设置见 7.4.1 节。Hardie 方法的实现中，参数的设置为：迭代次数设为 20 次，$\sigma^2 = 1$，步长自适应选取[1]，正则化参数 $\lambda = 0.091$，收敛准则 $\alpha = 10^{-5}$ 或者达到设定的迭代次数，迭代第 14 次收敛。

通过 NC 来实现超视锐度初始估计的新重建算法中，迭代次数设为 20 次，$\sigma^2 = 5$，步长 $\varepsilon = 1$，采用自适应正则化参数，收敛准则 $\alpha = 10^{-5}$ 或者达到设定的迭代次数，超视锐度机理的实现中适应性函数中的 $w = 0.1$，$r_{\max} = 4$。迭代第 14 次收敛。

本章算法与其余各算法的性能比较如表 8.1 所示。

表 8.1　本章方法与其他超分辨率重建方法的比较

项目	PSNR	RMSE	NRMSE	ρ
双线性插值	24.8780	14.85426	0.24132	0.9418
GMRF	29.9654	8.0960	0.1343	0.9820
HBRF	30.2091	7.8720	0.1306	0.9830
NC+DAMRF+MAP	31.2899	6.9509	0.1153	0.9866
Hardie	26.8543	11.6532	0.1933	0.9626
新算法	31.3551	6.8990	0.1144	0.9869
理想	越大越好	越小越好	越小越好	1

从图 8.3、图 8.4、图 7.7、图 7.10、图 7.11、图 7.13 可以看出，新算法重建出的图像在建筑物的结构特征和道路轮廓等边缘特征方面要优于其他算法。而 Hardie 联合实现算法重建结果从视觉上看，要逊于本书的算法。另外从表 8.1 中的四种评价指标也可以看出，新算法的 RMSE、NRMSE 都小于其他重建算法，也更接近于 0；又新算法 2 的 PSNR 以及 ρ 比其余三种重建算法都高，其中新算法的 ρ 值更接近于 1。上述分析表明了本章算法的有效性。

另外，从联合实现 (配准参数和高分辨率图像估计) 角度对新算法的配准参数的精度也进行了比较分析，采用平均绝对误差 (mean absolute error, MAE) 作为配准参数估计值的性能测度。主要是和 Hardie 等提出的联合实现配准参数和高分辨率图像估计方法进行比较，见表 8.2。

表 8.2　本章方法与 Hardie 超分辨率重建方法的配准参数精度比较　(单位：像素)

项目	Hardie 方法	新算法	理想
水平偏移 MAE	0.3760	0.1019	0
垂直偏移 MAE	0.2957	0.1708	0
总偏移 MAE	0.6717	0.2727	0

从表 8.2 可以看出，新算法的水平偏移、垂直偏移及总偏移的 MAE 均低于 Hardie 的方法，也更接近于 0，这表明新算法配准精度高于 Hardie 的方法。

1) 迭代次数变化时，超分辨率重建结果的分析比较

在超分辨率重建的实现中，分别统计了四个评价指标 PSNR、RMSE、NRMSE、ρ 随迭代次数变化的情况，并针对双线性插值、Hardie 的联合实现及本书联合实现算法进行分析比较，各算法的评价指标随迭代次数的变化曲线如图 8.5~图 8.8 所示。其中各算法在实现中均设定迭代次数为 20，收敛准则为 $\left\|\boldsymbol{x}^{(k)}-\boldsymbol{x}^{(k-1)}\right\|^2/\left\|\boldsymbol{x}^{(k)}\right\|^2\leqslant 10^{-5}$ 或者达到设定的迭代次数。

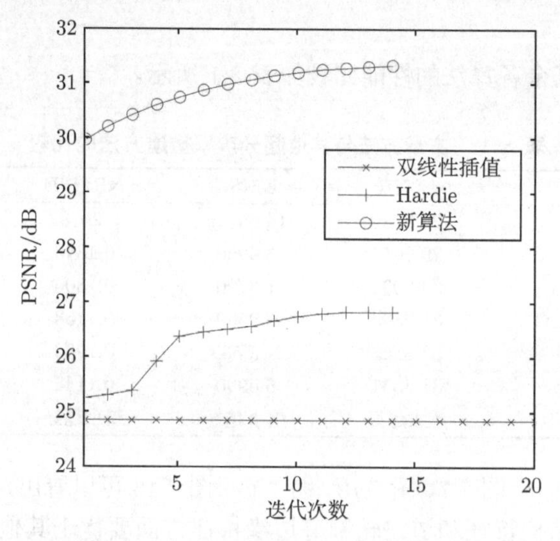

图 8.5 PSNR 随迭代次数变化时的曲线

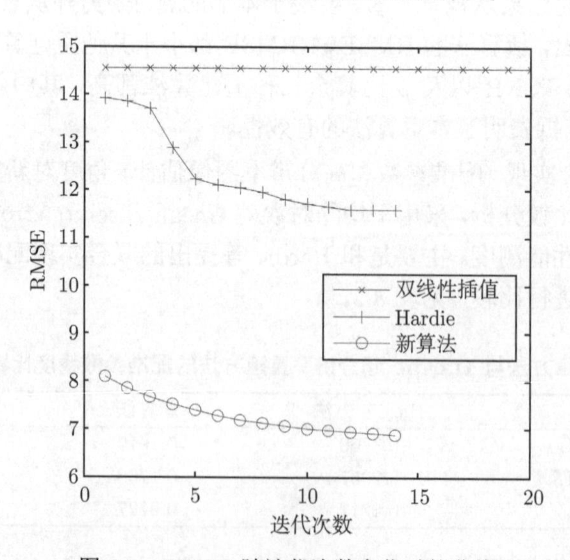

图 8.6 RMSE 随迭代次数变化时的曲线

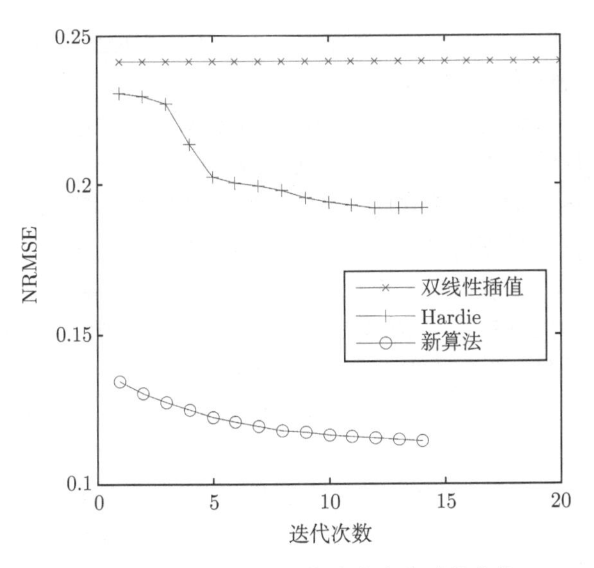

图 8.7 NRMSE 随迭代次数变化时的曲线

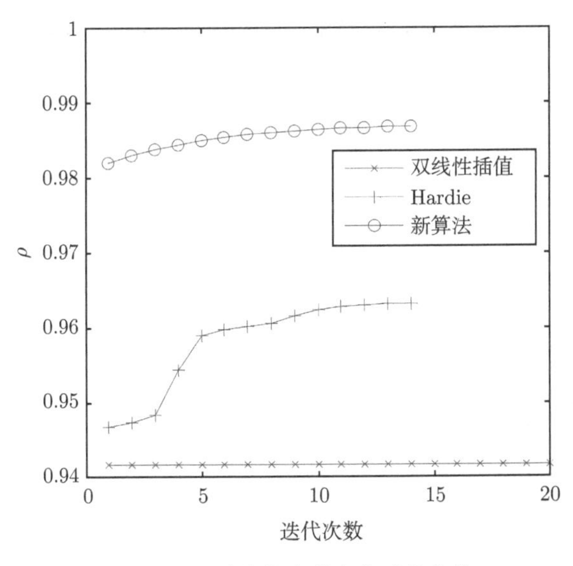

图 8.8 ρ 随迭代次数变化时的曲线

由图 8.5~图 8.8 可以看出，Hardie 算法和新算法的四个评价指标均好于双线性插值，这表明 Hardie 算法及本书新算法的重建效果都优于双线性插值算法。又随着迭代次数的增加，Hardie 算法、新算法的 PSNR、ρ 的值均逐步提高，而 RMSE、NRMSE 的值均逐步减少，这表明随着迭代次数的增加，Hardie 算法、新算法的重建效果逐步提高。另外，由图 8.5~图 8.8 还可以看出，新算法的四种评价指标在每一次迭代时，均优于其余算法。这表明本章所提新算法的重建效果最好，也说明了所提的新算法的有效性。

由图 8.5~图 8.8 还可以看出，Hardie 算法和新算法均在第 14 次迭代时收敛，这表明新算法的收敛性和 Hardie 算法的收敛性是相当的。

2) 低分辨率图像的数目变化时，新算法的重建效果分析比较

当超分辨率重建时使用的低分辨率图像数目变化时 (采用 i 个低分辨率图像是指形变参数样本 1 到样本 i(表 7.1) 所对应的图像)。新算法的四个评价指标 PSNR、RMSE、NRMSE、ρ 的变化曲线分别如图 8.9~图 8.12 所示。针对不同的低分辨率图像数目，新算法实现中所采用的迭代次数设为 20 次，$\sigma^2=5$，步长 $\varepsilon=1$，正则化参数由式 (8.19) 自适应确定，收敛准则 $\alpha\leqslant 10^{-5}$ 或者达到设定的迭代次数，适应性函数中的 $w=0.1$，$r_{\max}=4$。

由图 8.9~图 8.12 可见，随着重建时使用的低分辨率图像数目的逐步增加，新算法的四个评价指标 PSNR、RMSE、NRMSE、ρ 分别逐步地增加、减少、减少、增加，这表明，在重建时增加低分辨率图像数目，可以有效地改进重建效果。

从图 8.9~图 8.12 还可以看出，新算法只在重建的低分辨率图像数目较大时，四个评价指标才优于双线性插值 (双线性插值的四个评价指标见表 8.1)。

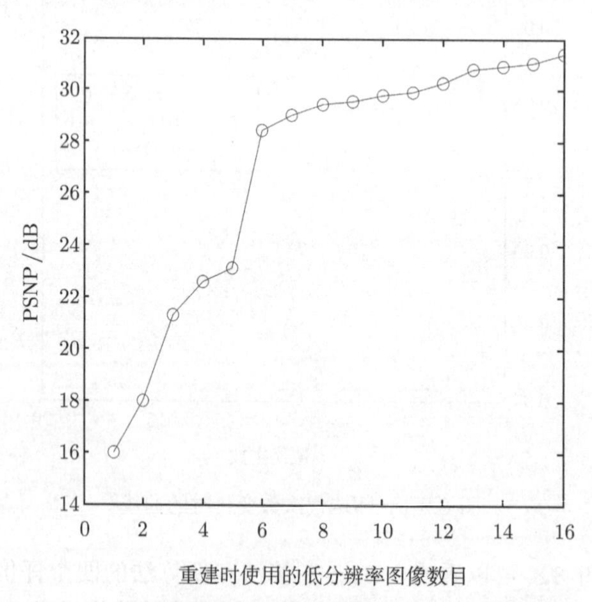

图 8.9 PSNR 随低分辨率图像数目变化时的曲线图

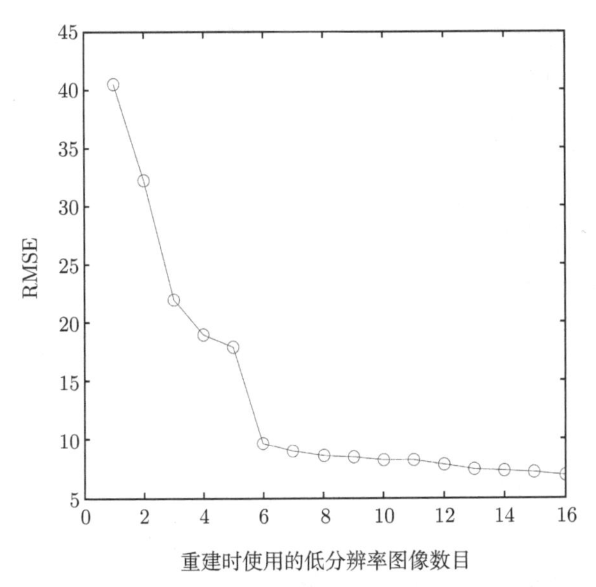

图 8.10 RMSE 随低分辨率图像数目变化时的曲线图

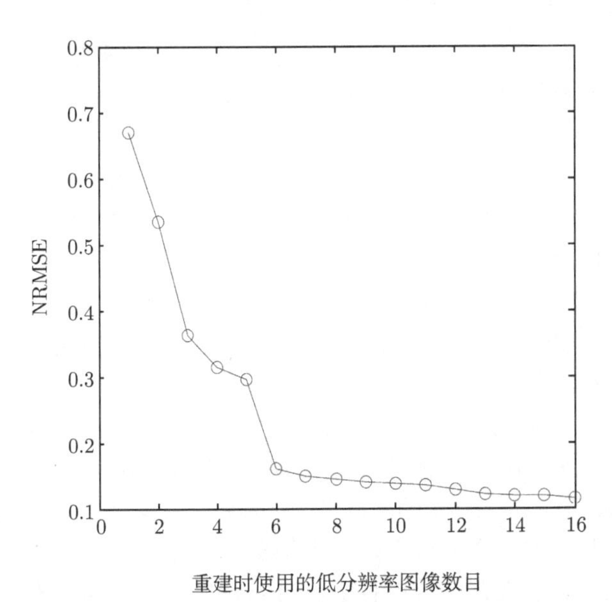

图 8.11 NRMSE 随低分辨率图像数目变化时的曲线图

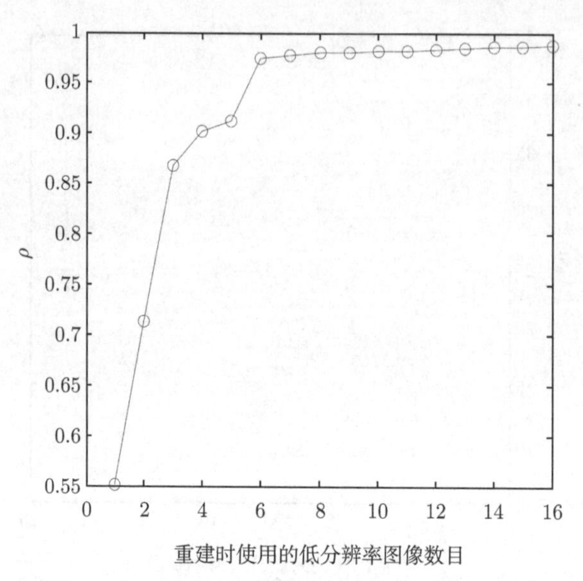

图 8.12　ρ 随低分辨率图像数目变化时的曲线图

8.2.2　全局平移和旋转的图像超分辨率重建实验

进行分辨率提高为 4 倍的超分辨率重建，模拟低分辨率数据制作与 7.4.1 节相同。因为本章所提算法是联合实现配准参数估计和高分辨率图像估计，所以主要与 Hardie 的联合实现方法进行重建质量的比较。本章算法实验中的参数设计为：迭代次数设为 20 次，$\sigma^2 = 5.1$，步长 $\varepsilon = 0.7$，采用自适应正则化参数，收敛准则 $\alpha = 10^{-5}$，超视锐度机理的实现中适应性函数中的 $w = 0.13$，$r_{\max} = 4$。迭代第 20 次收敛。Hardie 方法实验中的参数设计为：迭代次数设为 20 次，$\sigma^2 = 4$，步长 $\varepsilon = 0.1$，正则化参数 $\lambda = 5$，收敛准则 $\alpha = 10^{-5}$ 或者达到设定的迭代次数。

双线性插值算法、Hardie 方法及本章所提算法的重建结果分别如图 8.13、图 8.14、图 8.15 所示。性能比较如表 8.3、表 8.4 所示。

从图 8.13~图 8.15 可以看出，Hardie 的方法略好于双线性插值的结果，而本书新算法重建的结果则比较清晰，图像中的建筑物及道路的边缘特征明显。另外从表 8.3 的图像重建质量和表 8.4 的配准参数的精度也可以看出，新算法的性能优于 Hardie 的联合实现方法，这表明新算法是有效的。

从总体上看，对于既有旋转也有平移的低分辨率图像重建效果要差于只有整体平移的超分辨率重建结果。这也可以从实验一和实验二的结果看出。主要是在对有整体平移加上旋转角度的低分辨率图像间重建过程中，配准精度要低于只有整体平移的。这从表 8.2 和表 8.3 也可以看出。

1) 迭代次数变化时，超分辨率重建结果的分析比较

在超分辨率重建的实现中，针对双线性插值、Hardie 的联合实现及本章联合实现算法进行分析比较，各算法的评价指标随迭代次数的变化曲线如图 8.16~图 8.19 所示。其中各算法在实现中均设定迭代次数为 20，收敛准则为 $\left\|\boldsymbol{x}^{(k)}-\boldsymbol{x}^{(k-1)}\right\|^2/\left\|\boldsymbol{x}^{(k)}\right\|^2 \leqslant 10^{-5}$ 或者达到设定的迭代次数。

表 8.3 本章方法与其他超分辨率重建方法的比较

项目	PSNR	RMSE	NRMSE	ρ
双线性插值	24.9162	14.4788	0.2401	0.9423
Hardie	25.0861	14.1983	0.2355	0.9446
新算法	29.0522	8.9936	0.1492	0.9778
理想	越大越好	越小越好	越小越好	1

表 8.4 本章方法与 Hardie 方法的配准参数精度比较

项目	Hardie 方法	新算法	理想
水平偏移 MAE/像素	1.2174	0.4876	0
垂直偏移 MAE/像素	1.6080	0.6325	0
旋转角度 MAE/(°)	0.3090	0.0950	0

图 8.13 双线性插值的结果

图 8.14 Hardie 方法重建的图像

图 8.15 新方法重建的图像

由图 8.16~图 8.19 可以看出，Hardie 算法的四个评价指标均与双线性插值算法相近，略好于双线性插值。而新算法的四个评价指标均远优于双线性插值。又随着迭代次数的增加，新算法的 PSNR、ρ 的值并不是逐步提高，RMSE、NRMSE 的值也不是逐步减少，四个评价指标均在第 15 次迭代有一个峰值。另外，由图 8.16~图 8.19 还可以看出，新算法的四种评价指标在每一次迭代时，均优于其余算法。这表明本章所提新算法的重建效果最好，也说明了所提的新算法的有效性。

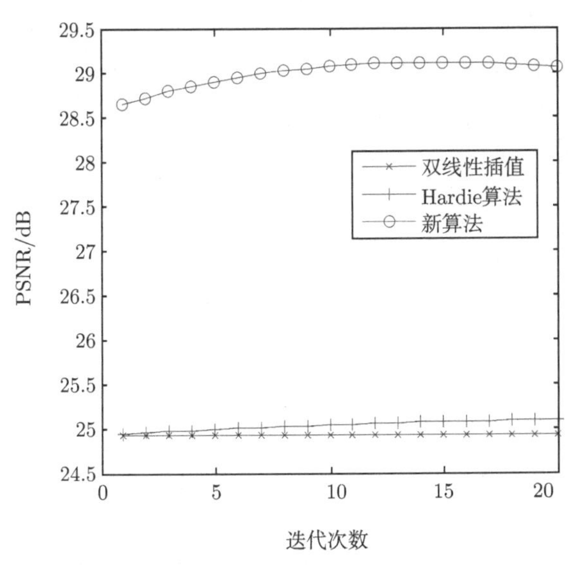

图 8.16 PSNR 随迭代次数变化时的曲线

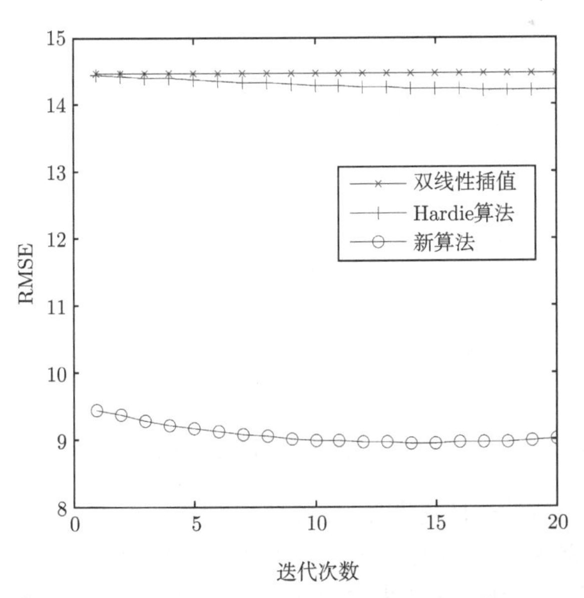

图 8.17 RMSE 随迭代次数变化时的曲线

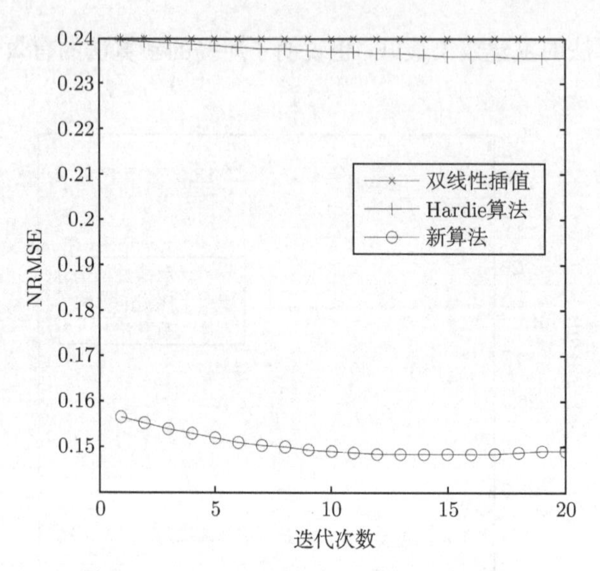

图 8.18　NRMSE 随迭代次数变化时的曲线

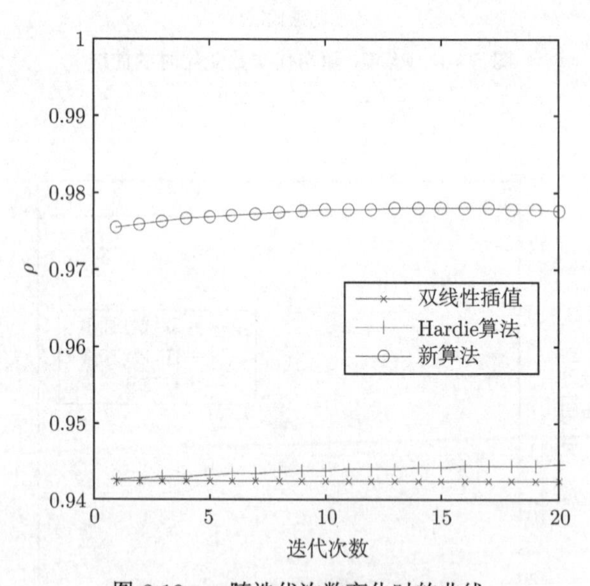

图 8.19　ρ 随迭代次数变化时的曲线

2) 低分辨率图像的数目变化时，新算法的重建效果分析比较

当超分辨率重建时使用的低分辨率图像数目变化时 (采用 i 个低分辨率图像是指形变参数样本 1 到样本 i(表 7.1) 所对应的图像)。新算法的四个评价指标 PSNR、RMSE、NRMSE、ρ 的变化曲线分别如图 8.20～图 8.23 所示。针对不同的低分辨率图像数目，新算法实现中的参数设置见前面实验部分。

由图 8.20~图 8.23 可见，当低分辨率图像数目小于等于 15 时，随着低分辨率图像数目的逐步增加，新算法的四个评价指标 PSNR、RMSE、NRMSE、ρ 分别逐步地增加、减少、减少、增加。而当重建时使用的低分辨率图像数目为 16 时，四个评价指标略有下降。从图 8.20~图 8.23 总体上看，在重建时增加低分辨率图像数目，可以有效地改进重建效果。

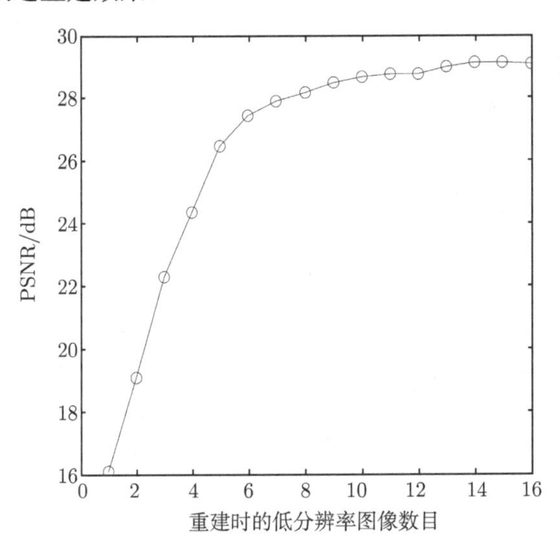

图 8.20 PSNR 随低分辨率图像数目变化时的曲线图

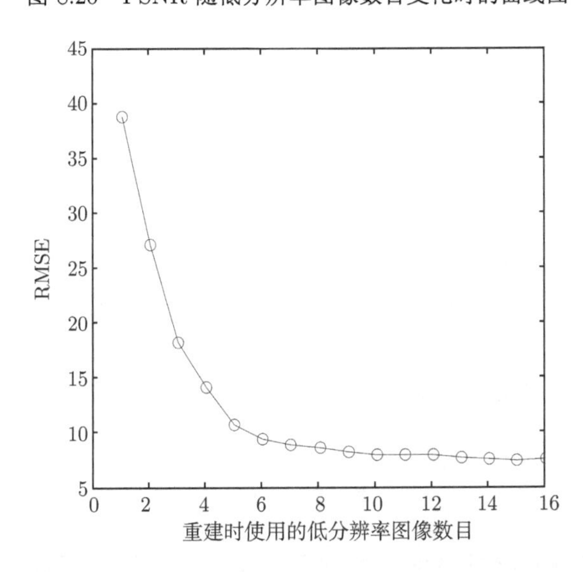

图 8.21 RMSE 随低分辨率图像数目变化时的曲线图

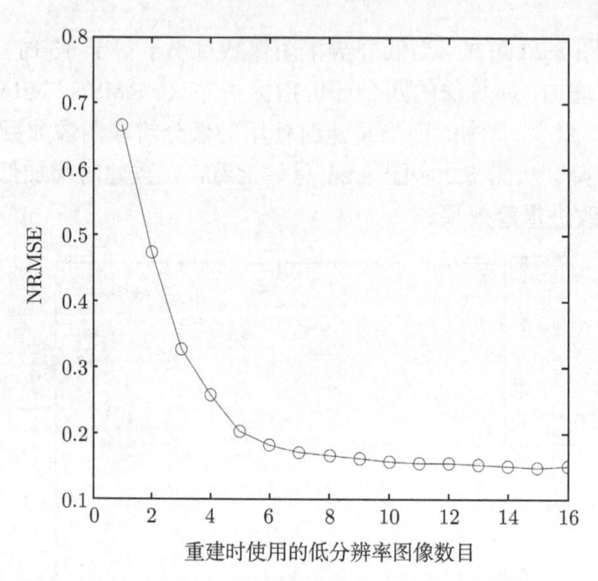

图 8.22　NRMSE 随低分辨率图像数目变化时的曲线图

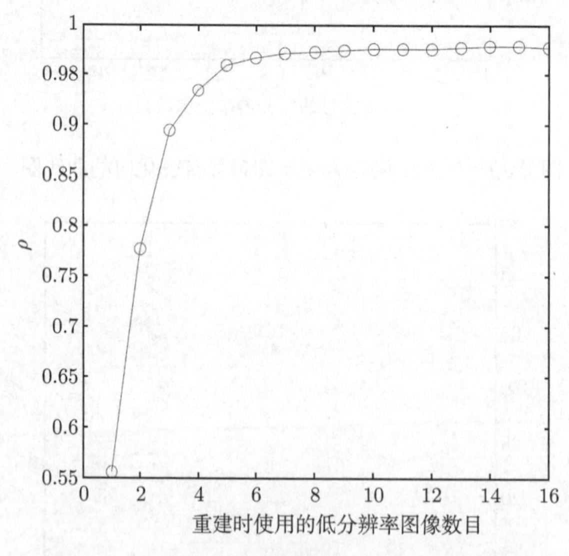

图 8.23　ρ 随低分辨率图像数目变化时的曲线图

参 考 文 献

[1] Hardie R C, Barnard K J, Armstrong E E. Joint MAP registration and high-resolution image estimation using asequence of undersampled images. IEEE Transactions on Image Processing, 1997, 6(12): 1621-1633.

[2] 孟庆武. 预估计混叠度的 MAP 超分辨率处理算法. 软件学报, 2004, 15(2): 207-214.
[3] 孟庆武, 孟新. 联合估计混叠度, 运动参数和高分辨率图像的 JEMAP 算法. 计算机科学, 2004, 31(6): 184-188.
[4] Poggio T, Fahle M, Edelman S. Fast perceptual learning in visual hyperacuity. Science, 1992, 256(5059): 1018-1021.
[5] Brückner A, Duparré J, Bräuer A, et al. Artificial compound eye applying hyperacuity. Optics Express, 2006, 14(25): 12076-12084.
[6] Riley D T, Harman W M, Tomberlin E, et al. Musca domestica inspired machine vision system with hyperacuity. Proc. SPIE, 2005: 304-320.
[7] Weiss Y, Edelman S, Fahle M. Models of perceptual learning in vernier hyperacuity. Neural Computation, 1993, 5(5): 695-718.
[8] 刘晓东, 汪云九, 周昌乐, 等. 超视锐度研究及理论解释. 信息与控制, 2004, 33(3): 257-261.
[9] Heiligenberg W. Central processing of sensory information in electric fish. Journal of Comparative Physiology A: Neuroethology, Sensory, Neural, and Behavioral Physiology, 1987, 161(4): 621-631.
[10] Charbonnier P, Blanc-Feraud L, Aubert G, et al. Deterministic edge-preserving regularization in computed imaging. IEEE Transactions on Image Processing, 1997, 6(2): 298-311.
[11] He H, Kondi L P. Resolution enhancement of video sequences with simultaneous estimation of the regularization parameter. Journal of Electronic Imaging, 2004, 13(3): 586-596.

索　引